ON ARCHITECTURE 1

ON ARCHITECTURE 1

박윤준, 김형진, 김주철, 이민선, 토마스 틸루카 한

서울하우스

Contents

발간 취지문

병치併置된 형태의 기하학적 포섭包攝에 관하여 – 박윤준_ **P9**

그림 건축 경험 – 김형진_ **P41**

형태만들기 / 이야기만들기 – 김주철_ **P55**

형상문법 – 이민선_ **P119**

Invitation to an intellectual and creative adventure – Thomas Tilluca Han_ **P165**

(지적·창의적 모험에의 초대 – 토마스 틸루카 한 | 번역: 강유원)

ON ARCHITECTURE
발간 취지문

건축은 붕괴에 대항하는 것이다. 다른 모든 분야와 마찬가지로 건축은 실용의 단계를 넘어 궁극의 가치를 지향한다. 보통의 건물들은 건축의 한 부분임에는 틀림없고 많은 물량과 인력이 투입되는 영역이기는 하다. 그러나 건축의 가치는 단순히 물리적인 총량으로 결정되는 것이 아니다.

현재, 건축은 빌딩 디자인이라는 미명하에 지극히 자의적인 이익 수단으로 전락했다. 건축의 사유思惟를 실용과 경제적 이해타산 문제로 함몰시킨 것이다. 경제논리에 편중된 건축 관련 이슈들은 건축담론을 왜곡시켜 건축을 응용학문의 한 분과로 더욱 협소하게 만들었다. 건축은 더 이상 성립하지 않으며 공적영역과 설계자의 의식에서 건축은 '붕괴' 되었다.

반지성적인 건축은 건축 행위가 있는 모든 곳에 만연돼 있다. 특히 첨예하게 드러나는 지점은 건축 형성물들, 건축 교육, 그리고 건축 지식의 수용 태도이다. 따라서 건축의 강도 높은 실천을 위해서는 (1)궁극의 '건축'을 작업을 통해 수행해야 하고 (2)'교육'을 재고해야 하며 (3)'책'을 읽어야 한다.

과거, 비슷한 문제의식에서 출발한 의미 있는 행동들은 언제나 논의 차원에 머무르거나 단발성으로 끝나버려 축적된 성과를 만들어내지 못했다. 그러므로 지속적인 활동의 조건을 마련하는 것이 그간의 한계를 극복하기 위해 먼저 해결해야 할 과제이다. 이것이 『On Architecture』를 기획한 이유이다.

박윤준

병치併置된 형태의 기하학적 포섭包攝에 관하여

박윤준

병치併置된 형태의
기하학적 포섭包攝에 관하여

건축설계교육

건축학교 설계교육에서 분석훈련의 결여는 '느낌'에 의존하는 작업태도를 그대로 방치한다. 감각에만 맡겨 놓은 설계수업은 앞으로 나아가지 못한다. '재미있다'라는 식의 두리뭉실한 평가 또한 무책임하다. 게다가 감각에 의존한 원칙 없는 판단은 다양성의 존중이라는 명분으로 손쉽게 포장된다.

다양성이란 창의성과는 거리가 멀다. 자유와 개성이라는 미명으로 허용된 다양성의 결과, 현재 우리 설계교육은 역설적이게도 얼마나 어지러운 모습으로 획일화되어 있는가! 자유는 질서 안에서 보장된다. 문제의 틀과 해결 방법을 명확히 해야만 밀도 높은 사유가 가능해지며 깊이 있는 탐구 또한 달성할 수 있다.

목표와 방법을 제시해주지 못하는 교육 아래서 학생들은 우왕좌왕한다. 상대적으로 좋은 평가를 받아 든 학생들도 맥락과 상관없는 모티브에 의지한 채 컨셉이라는 이름으로 자기작업을 합리화한다. 무책임한 형태들을 내지르는 용감성만을 키우고 정작 심미적審美的인 의식의 고양은 알지 못한다. 일회적이고 유아적인 미감美感에 스스로 만족하는 딱한 모습에 머무르고 마는 것이다.

방법론이 없는 설계교육은 또 하나 전혀 예상치 못한 부작용을 유발한다. 학생들 사이에서 '과연 이대로 좋은가?', '안전 등 일차적인 것만 해결하면 그 다음은 마음대로 해도 된단 말인가?' 하는 의구심이 든다. 공부란 문제를 정확히 하고 올바른 방법으로 탐구해가야만 하는 것이다. 이러한 기초적인 사실조차 교육받지 못한 학생에게는 '이래도 되는가?'라는 자기검열만이 남는다. 누적된 자기검열의 결과 학생들은 어디서부터 시작해야 되는지, 이 과제의 목적이 무엇인지조차 파악하지 못하고 내내 우물쭈물한다. 끝없이 '이렇게 하라는 건가?'하는 타인의 시선에 자신을 굴종시킨다.

한편, 창의적 설계교육에 대한 이해부족은 오로지 기술적인 항목의 충족 여부만을 구차하게 가려내는데 몰두하게 한다. 건축이 지향하는 바와 교육이 달성해가야 하는 공통의 지향점인 세련된 심미적 감수성의 고양이라는 정신적 차원의 목표를 개인의 주관적인 영역으로 떠넘기며 책임을 방기하고 있는 것이다.

창의성은 차원 높은 통일성을 추구하는 것에서 얻어진다.
그 시작은 기본적인 것에서부터 순서에 맞게 해야 한다.
형태의 기본과 차원 높은 통일성은 모두 기하학에서 출발한다.

기하학
기하학을 중국에서는 규구規矩로 이해했다. 컴퍼스와 직각자다. 원과 네모다. 둥근 지구 위에 수직으로 서 있는 인간. 이것이 살아 있는 인간의 모습이다. 하늘에서 원을 그리는 해와 달과 별 그리고 대지. 이보다 더 일상적인 확실함이 또 있을까? 마치 물이나 공기처럼 너무나 당연한 현실이어서 미처 인식하지 못하고 있는 것뿐이다. 이것이 기하학이다.

상상력
머리속에 떠오르는 아무 이미지들의 두서없는 흐름이나 공상은 상상력이 아니다. 상상력이란 감각을 통해 들어온 인상을 통합하고 이념화시키려는 의지다. 즉, 창조적인 능력으로서의 상상력은 여러 가지 개념과 체험을 능동적으로 종합해서 새로운 초월적 가치를 만들어내는 사고력이다. 그러므로 상상력의 훈련은 사고력의 훈련과도 같다.

드로잉
생각을 그리는 그림. 드로잉Drawing은 언어로 형성된 사고와 형태로 만들어지는 인공적인 사물을 연결 짓는 논리적인 그림이다. 사물의 가시성은 불가시성의 영역을 드러내는 매개이지만 그 가시성의 압도적 힘은 보이지 않는 것의 사유를 때로는 방해한다. 드로잉은 사물의 가시성 배후에 있는 사물형성의 의지, 법칙, 의도가 온전히 표현된 것으로서 건축 고유의 표현형식[1]이며 독립적으로 완결된 작품이다.

---

[1] 건축의 표현형식은 그 탐구의 방향과 깊이에 따라 다양하게 산출된다. 드로잉은 건축 산출물의 고유형식 중 하나이다. 건축이 공간상에 구축된 모습으로 응결된 것의 한 가지 형식이 건물이다. 우리는 건물을 통해 건축을 사유한다. 또한, 건축이 평면 위에 그림 형식으로 현시된 것이 드로잉이다. 우리는 드로잉을 통해 건축을 사유한다. 또 건축이 시간의 형식을 만나면 영화가 될 수도 있다. 작동의 시스템을 만나면 기계라고 부르는 어떤 것이 될 수 있다. 심지어 문자라는 형식으로 응축된다면, 모든 글이 건축은 아니지만, 어떤 글은 곧 건축인 것이다.

설계프로그램

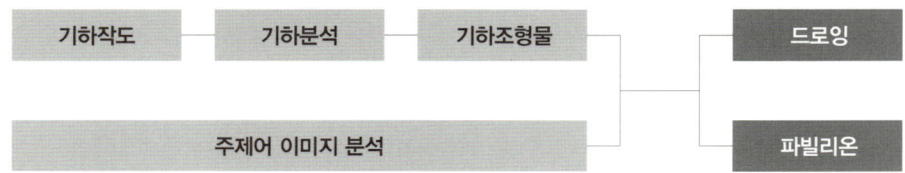

I 기하작도

작업을 통해서만 도달할 수 있는 건축 이해의 영역에 첫 발을 내딛는다.

방법

직선자와 컴퍼스만을 이용하여 여러 가지 기하도형과 분할 그림을 작도할 것.
작도의 정확성과 완성도를 높일 것.
작도 순서를 숙지할 것.

검증

손으로 생각하기

작도 연습은 수작업으로 진행해야 한다. 결과만 놓고 본다면, CAD로 그리면 더 정확할 것이다. 그러나 컴퓨터로 그리는 원과 손으로 그리는 원은 전혀 다르다. CAD는 직선과 원의 작도가 똑 같은 방식으로 만들어진다. 즉, 명령어를 입력하고 두 점을 클릭하면 된다. 작도상에서 원과 직선의 차이를 느낄 수 없다. 손으로 직접 그리는 원은 그 둥금을 경험하게 한다. 컴퍼스를 '돌려야'하고, 밖으로 튕겨 나가려는 힘을 느낄 수 있다. 이에 맞춰 몸도 자세를 미묘하게 바꿔가며 그리게 된다.
운동장에서 두 사람이 큰 원을 그려본 적이 있을 것이다. 한 사람은 컴퍼스의 기준 다리가 되고 손을 맞잡고서 다른 한 사람이 바닥에 원을 그려보면 확연히 원심력과 구심력, 속도 그리고 중심 위치의 특별한 위상을 느낄 수 있다. 건축 기하학의 원은 시각적이고 개념적일 뿐 아니라 체험적인 둥금이다.

이해를 넘어 습득習得

작도가 정밀하지 않으면 원하는 결과를 얻지 못한다. 정7각형을 그리는 방법을 이해하는 것만으로는 아무 소용없다. 실제로 작도가 되려면 각 단계마다 정밀성을 확보할 수 있는 숙련이 필요하다. 건축의 전체적인 완성도는 단계마다 높은 정밀성을 전제로 한다.

II 기하분석

기하분석은 자연의 법칙을 발견하려는 이론의 영역이 아니라 새로운 산술産術을 위한 제작행위에 가깝다.

방법

주어진 평면도Santiago de Compostella Cathedral plan와 그림Mondrian Composition이 기하학 체계에 의해 만들어진 것이라고 가정하고 점과 선들의 위치를 유추할 것.
재현 가능하도록 작도 순서를 적시할 것.

검증

정확한가
분석방법에 의한 작도의 재현 결과가 원본 자료와 어느 정도 일치하는가?
이 과정은 고고학적인 사실을 규명하기 위한 것이 아니므로 분석결과가 원본과 완전히 일치해야 하는 것은 아니다. 그렇다 하더라도 분석 작도는 원본과 '상당히 일치된' 결과를 만들어야 한다.

유일한가
모든 그림에 보편적으로 적용되는 분석도는 분석이 아니다. 1mm 단위의 모눈선은 모든 도면의 분석도일 수는 있지만, 이 도면(그림)의 분석은 아닌 것이다. 분석대상이 서로 다르다면 그 분석의 결과도 서로 다른 분석도로 그려져야 한다.

우아한가
분석과정을 스스로 재현하는데 있어 정리해 놓은 분석 순서 글을 보지 않고 재현할 수 있는가?
잘 분석한 결과는 스스로 분석 순서를 재현하는 데 있어 막힘이 없다. 단계마다 군더더기가 없고 합리적인 이유로 다음 단계를 진행했다면 애써 암기하지 않아도 분석의 재현은 어렵지 않다.

III 기하조형물

기하 그리드에 의한 입체 구성을 통해 실수 범위의 비례연습과 3차원 구성의 기본원리를 익힌다.

방법
기하 그리드의 교차점과 선을 이용해 입체 조형물을 만들기 위한 조각을 작도 한다. 입체구성의 구조가 될 30x30(cm) 사각형을 그린다. 이 정사각형 내에 위의 조각 작도를 한다. 조각 부분을 제거해 만들어진 구멍 뚫린 사각판과 조각들을 이용해 입체구성을 한다.

검증

규칙에 충실한가
구성에 필요한 조각들은 반드시 기학 작도에 의해 만들어야 한다. 임으로 만든 조각은 전체 구성을 해친다. 추가적인 조각이 필요하다면 처음의 그리드로 돌아가 선과 점의 위치를 찾고 추가적인 작도를 통해 조각의 외곽선을 정해야 한다. 눈금자에 의한 도형이나 조각들은 유리수 범위의 비례를 갖는다. 하지만 기하작도에 의한 비례는 무리수의 비례를 갖게 될 수 있다. 이런 비례는 눈금자에 의해서는 만들어질 수 없다. 즉, 기하작도에 의한 조각 만들기는 사용할 수 있는 비례의 범위를 실수범위 전체로 확장시킨다는 뜻이다.

밀도와 위계를 고려했는가
밀도와 위계에 대한 능력을 키우기 위해서는 의식적으로 밀도 높은 구성, 위계 차이를 극단적으로 대비시킨 배치를 고려해야 한다. 현재 자신의 실력으로 편히 구사할 수 있는 정밀함과 과감함의 범위를 확장시키기 위한 연습이다. 그러므로 이 과정을 통해 더욱 세밀한 부분까지 생각할 수 있는 눈을 갖게 된다.

통일성이 확보됐는가
단순한 것과 복잡한 것은 그 자체로 선악이 없다. 단순한 것이 좋을 수도 있고 복잡한 것을 추구할 수도 있다. 그러나 통일성은 필수다. 통일성이 확보되지 못한 형태는 단지 산만할 뿐이다. 통일성의 원리는 기초 형태에서부터 일관되게 습득해야 한다. 단순한 도형이라도 여러 개의 체계를 포함한 선들에 의한 것은 산만하다. 반면 더 많은 여러 개의 선으로 이루어진 도형이라도 그 체계가 한 두 가지로 정리되어 있다면 전체적인 통일성은 깨지지 않는다.

일반적으로 그리드는 격자, 바둑판의 눈금 등이다. 여기서는 기하작도에 의해 그려진 선들과 도형을 말한다. 즉, 균등하게 펼쳐지는 중성적인 가이드 선이 아니라, 기하학적 통합성과 특별한 비례를 암시하는 기준선들이다. 그리드의 교점들은 새로운 형태를 만들기 위한 특이점이 된다.

IV 주제어 이미지 분석

주관적으로 떠올린 개념과 이미지를 검증 가능한 분석과 재조합을 통해 객관화한다.

방법

단어 정하기: 공간의 분위기를 표현하는 단어 하나를 정한다.
이미지 찾기: 관련 이미지 자료를 찾는다. 이미지 자료는 5개를 넘지 않아야 한다.
주제어에 해당하는 이미지는 선택한 5개 외에는 더 이상 어디에도 존재하지 않는다고 간주한다.
따라서 자료들은 신중하게 최고의 품질의 것을 찾아야 한다.
주제 재정의: 사전적인 정의를 넘어 스스로 재정의할 수 있다.
이미지 분석: 색채, 형태, 재료, 구성방법, 벡터 등 이미지를 구성하고 있는 요소들의 어떤 내용이 내 주제를 드러내고 있는가를 분석한다.

구체적인 분석과정은

(1) 각 이미지에서 주제에 해당하는 요소를 추출한다.
(2) 각 요소들이 정확히 어떤 양상으로 표현되고 있는지 분석도로 정리한다.
(3) 분석도를 수치화한다. 예를 들어 분석 대상이 색채라면 명도, 채도, 색상값으로 정리할 수 있다.
 곡선은 중심과 반경으로 표현한다.
(4) 각 요소들의 구성방법과 조합규칙을 찾는다.
(5) 구성 요소들을 활용해 (4)의 규칙에 따라서 새로운 구성을 한다.

검증

객관성
선택한 이미지는 주제어에 부합하는가? 그 단어가 연상하는 대표적인 이디지라고 볼 수 있는가? 혹은 이미지를 제시했을 때, 그 단어를 말할 확률이 높은가? 주제어를 재정의했다면 그 정의는 너무 자의적이지 않고 본래 정의와 밀접하게 관련되어 있는가? 이미지의 핵심요소를 분석했는가? 그 핵심요소는 빠짐없이 분석했는가?

적용가능성
분석방법은 쉽고 명료해야 한다. 다른 사람도 쉽게 할 수 있어야 한다. 또 분석방법은 다른 자료에도 적용 가능한 보편적인 방법이어야 한다.

재현가능성
분석 결과로 유추한 구성의 규칙을 이용하여 다시 이미지를 구성할 수 있어야 한다.
그 새로운 구성이 처음에 정한 단어와 일맥 상통하는 것으로 보인다면 분석과정이 바르게 되었다고 할 수 있다.

V 드로잉

드로잉은 건물의 표현이 아니다. 종이 위에 건축의 의도를 드러내는 작업이다.
따라서 드로잉은 그 자체로 완결된 건축이며 건물의 이해를 돕기 위한 부가적인 작업이 아니다.

방법

분석 주제나 파빌리온과 연관해서 전체적인 구상을 한다. 이미지 분석에서 도출한 형태요소들 만을 이용해 A1 크기의 종이 위에 구성한다. 표현하려는 이미지에 적절한 재료와 기법을 연구한다. 드로잉의 내용은 분석 대상이 된 이미지의 재해석이나 구축하려는 공간의 이미지 혹은 이 건축으로 말하고자 하는 어떤 경험이나 진술, 상상력의 단면일 수 있다.

평가

표현적인 그림에 머무르지 않았는가

완성된 그림이 건물의 표현에 머물지는 않았는가? 파빌리온의 형태가 특이하다고 해도 그 모습을 본뜨기만 한 그림은 여기서 말하는 드로잉이 아니다. 건물의 실제적인 이미지를 부분적으로 활용할 수는 있지만, 어떤 한 시점에서의 모습을 재현하는 것은 드로잉의 독자성을 이해하지 못한 것으로 지적할 수 있다.

해석의 욕구를 자극하는가

보는 이의 직접적인 이해를 넘어서는 드로잉은 그 작품 앞에서 머무르게 하며 해석의 의지를 촉발시킨다. 종이 위에 완성된 그림은 종종 상식적인 공간의 3차원적 구성을 넘어선다. 2차원은 3차원의 하부 단위가 아니다. 2차원 그림과 3차원 조형은 기본적으로 경쟁관계에 있다. 실제 공간에서는 불가능한 현상을 평면 위에서 구현할 수 있고 여러 시점의 모습을 동시에 보여줄 수도 있다. 실제의 공간을 뛰어넘어서 호기심을 자극하고 상상력으로 즐길 수 있는 그림들은 적극적인 재해석의 가능성을 내포한다.

VI 파빌리온

상충된 형태와 공간은 기하학적 질서에 의해 조정된다.
생각의 훈련은 제한 범위와 정확한 방법에 의해서 효과적으로 성취될 수 있다.

방법

기하조형물과 주제어 이미지 분석 결과를 파빌리온 형식의 건축물로 통합시킨다. 조형물의 형태적 특징과 이미지 분석에 따른 형태, 공간, 색체, 재료 등이 서로 그 독립적인 성격을 유지하며 실현돼야 한다. 기하조형물과 분석에서 도출된 요소들만이 파빌리온 구성 어휘로 제한된다. 그러므로 많지 않은 이 어휘들로 원하는 결과를 얻기 위해서는 모든 조합 가능한 형식을 고민해야 한다.

평가

기술적인 것은 충족되었는가

합리적인 동선계획, 구조 등 기본적인 문제들은 해결돼야 한다. 도면은 도면작성법에 의한 세부사상을 준수해야 한다. 특히 선의 사용법에 통달해야 한다. 실선, 허선의 용례와 그 건축적 내용을 이해하고 용도에 따른 선의 위계를 정확히 지켜야 한다.

병치된 형태가 높은 수준으로 조율이 이루어졌는가

기하조형물의 특징과 주제어 이미지 분석결과는 서로 상충하는 형태논리를 지닌다. 이 충돌은 조화로운 파빌리온 구성을 어렵게 만든다. 언뜻 터무니없어 보이는 이 충돌을 해결하려면 기초 형태를 자유자재로 다룰 수 있는 능력이 필요하다. 또한 수준 높은 조화를 달성하기 위해서는 합리적인 상상력이 요구된다. 합리적인 상상력이란 재료, 구조, 스케일에 대한 연마된 감각을 바탕으로 한다. 그 위에 체험과 역사적인 선례의 이야기 구조가 더해질 수 있다.

시적 상상력을 자극하는가

모든 과정이 만족스럽게 완료됐다면 최종 결과물은 건축으로서의 위상을 갖는다. 기하학적으로 포섭된 형태들은 기능의 합리적 해법을 넘어 다중적인 해석가능성을 지닌다. 이 때 다중적 해석가능성이란 관대함에서 비롯된 다양성이 아니라 신중한 선택과 엄밀한 조율에 의해 확보된, 기계적인 정확성을 뛰어넘는 시적詩的 다의성多義性이다.

고정희

혼돈混沌은 어떤 것이 그 형태나 질서가 쉽게 간파되기 어렵고 복잡하다는 뜻이다. 혼돈이라고 생각되는 이미지들을 살펴 보면서 그 복잡해진 결과 자체는 중요하지 않았고 어떻게 그렇게 됐는지가 중요했다. 혼돈스러운 이미지들에도 어떤 내재적인 질서가 있을 수 있다고 생각했다. 그래서, 혼돈을 '내재적 규칙을 가지고 무질서와 질서를 반복하면서 복잡성을 증가시키는 것'이라고 정의했다. 그런 뒤, 혼돈의 이미지 자료에서 내재적 규칙을 찾는 방향으로 분석했다. 이 이미지들 중 4개를 선택해서 내재적인 규칙들을 도출했다.

1. 에셔, 원의 극한 – 기하급수적으로 증가하는 가지가 원의 면적을 끝없이 분할.
2. QR코드 – 자연수 범위의 단위에서 너무 무질서해지지 않게 제한.
3. 아랍어 – 실수 범위의 단위에서 너무 무질서해지지 않게 제한.
4. 대칭그림 – 수직, 수평, 사선의 대칭축에 순차적으로 대칭되면서 복제되어 복잡성이 증가.

분석의 타당성은 이 규칙들을 다시 적용했을 때 비슷한 형상이 나타나는 가를 기준으로 검토했다.

기하학 작도를 통해 형성된 그리드에서 조각들을 만들고, 그것들을 구성해서 조형물을 만든다.
선대칭 규칙을 큐브에 적용시키면 16개의 큐브가 공간상에 배치된다.
최종적으로는 선대칭 된 16개의 큐브를 조형물에 결합하여 내재적 규칙을 갖는 혼돈의 파빌리온을 설계했다.

드로잉은 이들 규칙들 중에서 네 번째 자료에서 얻은 4개의 대칭축을 3차원 정육면체 틀의 두 면에 그린다. 그 4개의 축이 각각 정육면체 틀과 만드는 직사각형 평면의 대각선을 공간상의 축으로 정한다. 그렇게 4개의 공간상의 축을 만들고, 바닥 평면에는 첫 번째 자료에서 나온 원의 면적을 분할하는 선들이 z축으로 원기둥처럼 올라오면서 바닥뿐만 아니라 공간 역시 분할되게 한다.

만유인력의 법칙을 태양계의 행성의 운동으로 알 수 있는 것처럼 위의 규칙들이 드러나게 하는 행성과 같은 역할로 떨어지는 나뭇잎을 택했다. 낙엽은 의지를 갖지 않으면서 자연법칙에 따라 불규칙하게 움직이는 사물이기 때문이다. 그것의 궤적에서 7개의 점을 정해 나뭇잎 7개 원본을 수채화로 그렸다.

그 다음, 4개의 대칭축에 따라 대칭되며 복제되는 것을 연필 선으로 그리고 정육면체 틀 바깥으로 넘어가는 것은 그리지 않았다. 그리고 공간상의 에셔의 원의 분할에 의해 나뭇잎의 면이 나눠지는 부분을 음영처리 했다.

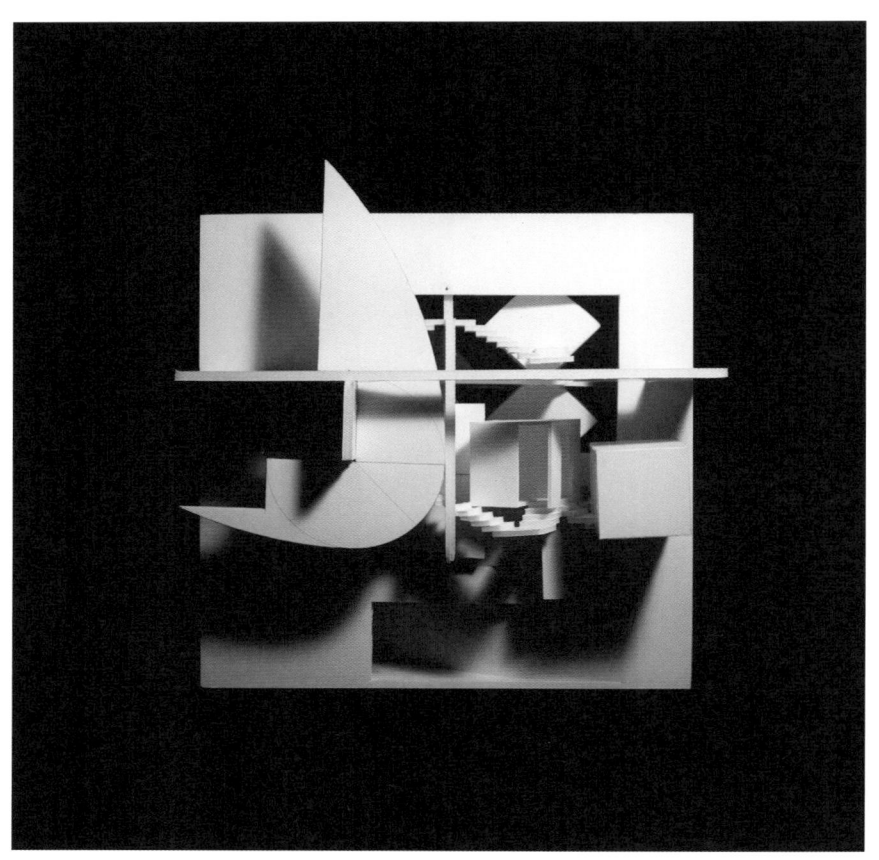

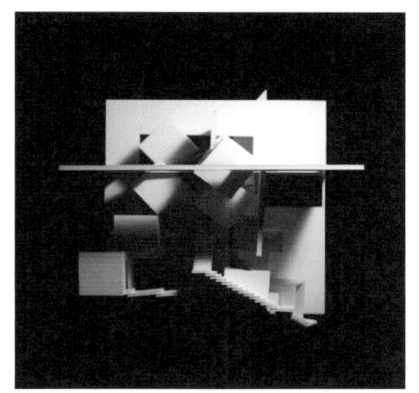

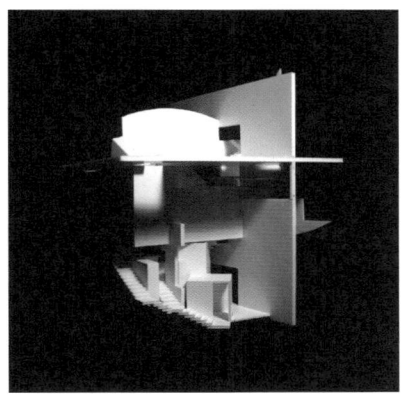

박준성

조형물은 가능한 많은 조각들을 결합시켜서 여러 가능성들을 검토했다. 하지만 각 요소들의 결합은 직각체계만을 준수함으로써 전체적인 통일성을 추구했다.

파빌리온은 복잡한 조형물에 정적인 공간을 병합시키는 방식으로 설계했다. 구, 정육면체 같은 단순 기하형태의 공간은 정적인 느낌을 준다. 달항아리처럼 장식적인 요소가 없고 단순한 형태면서 무채색을 띤 사물들이 대표적인 정적인 분위기의 예라고 할 수 있다. 복잡한 기하조형물의 형태를 존중하면서 정적인 공간 3곳을 지정했다.

구, 정육면체, 벽 그림자와 개구부를 통과한 빛이 교대로 반복되는 회랑.
방문자는 파빌리온의 각 부분을 순례하는 가운데, 복잡한 이동구역과 3개의 정적인 공간을 번갈아 경험하게 된다.

즉, 파편적인 기하구조체들과 기본 입체기하 공간의 대비는 공간 경험의 폭을 확장시킨다.
이 같은 경험의 밀도는 15x15x15(m)의 가상의 정육면체 범위 내에서 치밀하게 짜인 구성에 의해 극대화 된다.

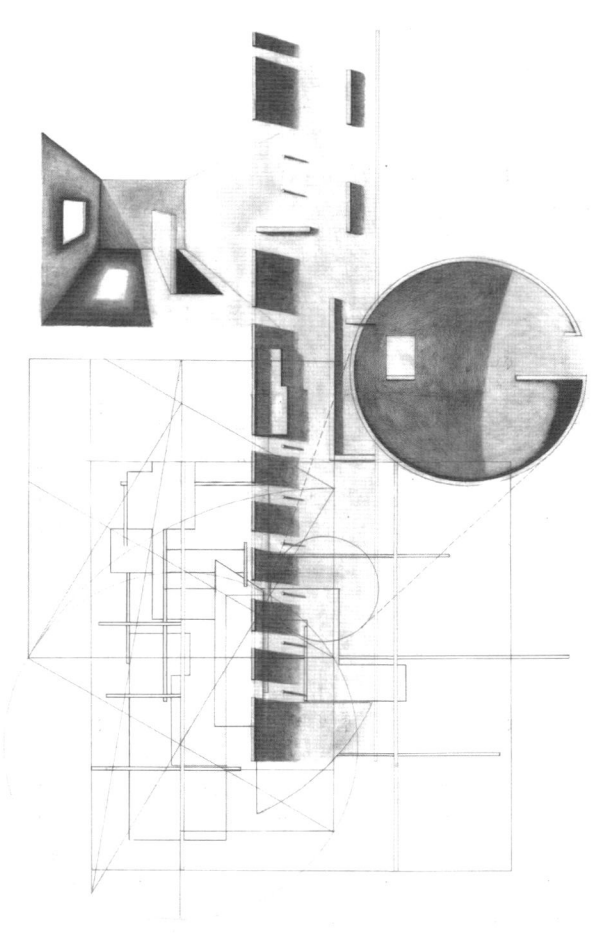

박필정

건축 공간의 분위기를 설명하는 글에는 종종 언캐니uncanny라는 단어가 등장한다. 프로이트의 정의에 따르면 언캐니는 "억압된 대상의 회귀에서 느껴지는 불편하고 낯선 감정"을 의미한다.

주제 이미지를 분석하면서 언캐니라는 분위기를 나는 '낯설지 않은 낯선'으로 재정의했다. 그 후 이에 해당하는 이미지를 4개 선택하여 언캐니를 유발하는 요인에 대해 분석했다. 자료는 키리코의 회화중 〈거리의 신비와 우수〉, 영화 〈칼리가리 박사의 밀실〉의 한 장면, 레비우스 우즈의 〈Radically Reconstructed〉, 케이르스마커와 메이에 의한 〈Fase〉를 선택했다.

첫 번째로 〈거리의 신비와 우수〉는 소녀가 알 수 없는 형상한테 다가가는 모습이 언캐니하다고 느껴 평면을 분석했고 색채로 인해 그림의 분위기가 언캐니하게 느껴진다고 생각하여 직접 캔버스에 색을 칠하여 분석했다. 회면에서는 소녀가 다가가는 형상이 미지의 것으로 여겨지지만 실제 평면을 그려보면 소녀는 그 형상의 대상을 이미 인지할 수 있다는 것을 알 수 있었다. 즉, 관찰자의 시선에 따라 실제와는 다르게 낯설고 불안한 감정이 유발 될 수 있다는 것이다. 한편, 이 그림에서 언캐니를 강조하는 색채는 주로 빨강, 초록, 검정이다.

두 번째로 〈칼리가리 박사의 밀실〉의 한 장면을 선정해 평면, 입면을 분석했다. 평면에서 언캐니가 드러나는 것은 바닥에 그려진 날카로운 형태들 때문이고 또한 사진의 오른쪽에 있는 통로들이 깊이감이 있기 때문에 언캐니가 느껴진다고 분석했다. 입면에서도 평면과 마찬가지로 날카로운 형태들이 통로의 입구나 벽에 그려진 그림으로 나타나기 때문에 위와 같은 분위기가 강조된다.

세 번째로 〈Radically Reconstructed〉을 분석했다. 입면에서는 건축물 중간에 위치한 구조물이 단절된 아래와 위의 공간들을 유기적으로 붙잡고 있는 것이 언캐니하게 느껴져서 중간 구조물의 형태를 분석했다. 그리고 건축물에 그리드가 있고 그 속에 반복적으로 배치되어 있는 창문과 벽이 언캐니를 유발한다고 생각하여 창문의 위치와 비율, 개수 등을 분석했다.

마지막으로 〈Fase〉의 한 장면을 분석했다. 이 장면에서 연기를 하는 사람은 두 명인데 뒤에 있는 그림자는 세 사람으로 표현되고 있기 때문에 언캐니의 분위기를 가지고 있다고 생각했다. 따라서 그림자의 생성 방식과 그림자 자체의 세부사항을 분석했다.

4가지의 자료들을 분석한 결과를 이용하여 언캐니의 분위기를 가진 드로잉을 그렸다. 드로잉에서 언캐니를 유발하는 장치를 구상하였고 그것이 색채로 되어 있는 공간과 왼쪽에 있는 왜곡된 공간 속으로 빨려들어가는 장면이 나타난다.

건축물의 전체적인 형태 언어는 칼리가리 박사의 밀실에서 나타난 날카로운 형태에서 도출했다. 구체적인 동선과 장치의 원리는, 우선 사람이 공간 안으로 접근하면 크기를 가늠하기 어려운 반구半球 형태가 반투명한 유리 중간에

박혀 있는 모습을 접하며 언캐니를 느낄 수 있다. 계단을 타고 올라가 반구에 뚫려 있는 구멍으로 들어가면 어두운 공간에 들어서는데 그 반구 속에 들어간 사람은 불투명한 유리를 보게 되고 그곳이 무대장치가 된다.

불투명한 유리 뒤쪽에 사람이 지나가면 반구 속에 있는 사람은 구체적 형상이 지워진 사람이 움직이고 있는 모습을 보게 되기 때문에 언캐니를 느낀다. 그 후 불투명한 유리 뒤쪽으로 이동하면 이제 자신이 무대의 배우가 되는 역할을 하게 된다. 그리고 다음 공간으로 들어서면 파편들로 이루어진 공간들이 있어 그곳에서 다시 한 번 충격효과를 받고 장치를 나가게 된다.

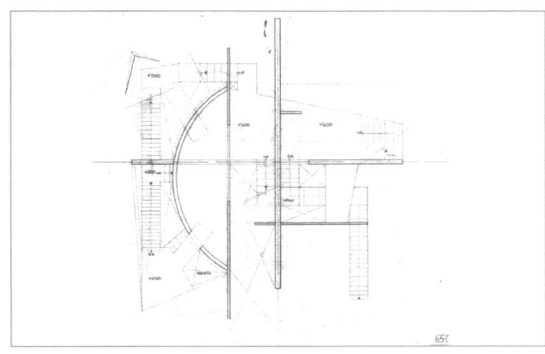

유한별

평면회화를 입체적인 공간으로 해석하는 방법은 다양하다. 파블로 피카소의 〈투우, 1934〉는 역동적인 느낌을 강하게 주는 구성이 돋보인다. 다이내믹한 느낌을 주는 것은 그림을 구성하는 여러 요소들이 결합한 결과이다. 요소들의 형태뿐 아니라 그림자, 색채구성, 동세動勢 등이 시각적인 흐름을 형성하고 각 요소들의 터질듯한 화면구성이 역동성을 강하게 띠도록 한다.

드로잉은 역동적 구성의 원리를 근거로, 각 요소들을 공간 속에 기초 기하 형태의 배치로 재해석했다. 각 기하형태를 입체적인 형식으로 해석하고, 공간상의 배치관계를 유추했다. 최종적으로 입체도형의 공간상의 위치와 크기를 3차원 직교좌표계 위의 액소노매트릭과 두 개의 입면이 겹쳐진 드로잉으로 정리했다. 화면을 구성하는 입체들과 좌표를 나타내는 숫자와 기호는 모두 그림 구성의 필수 불가결한 요소이다.

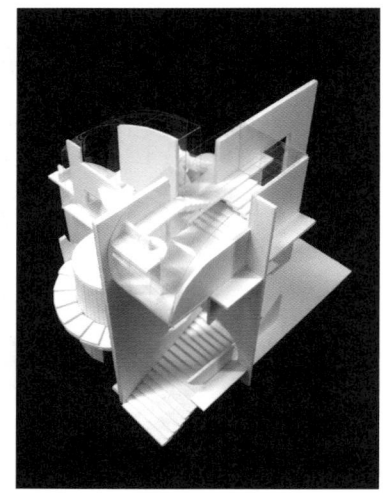

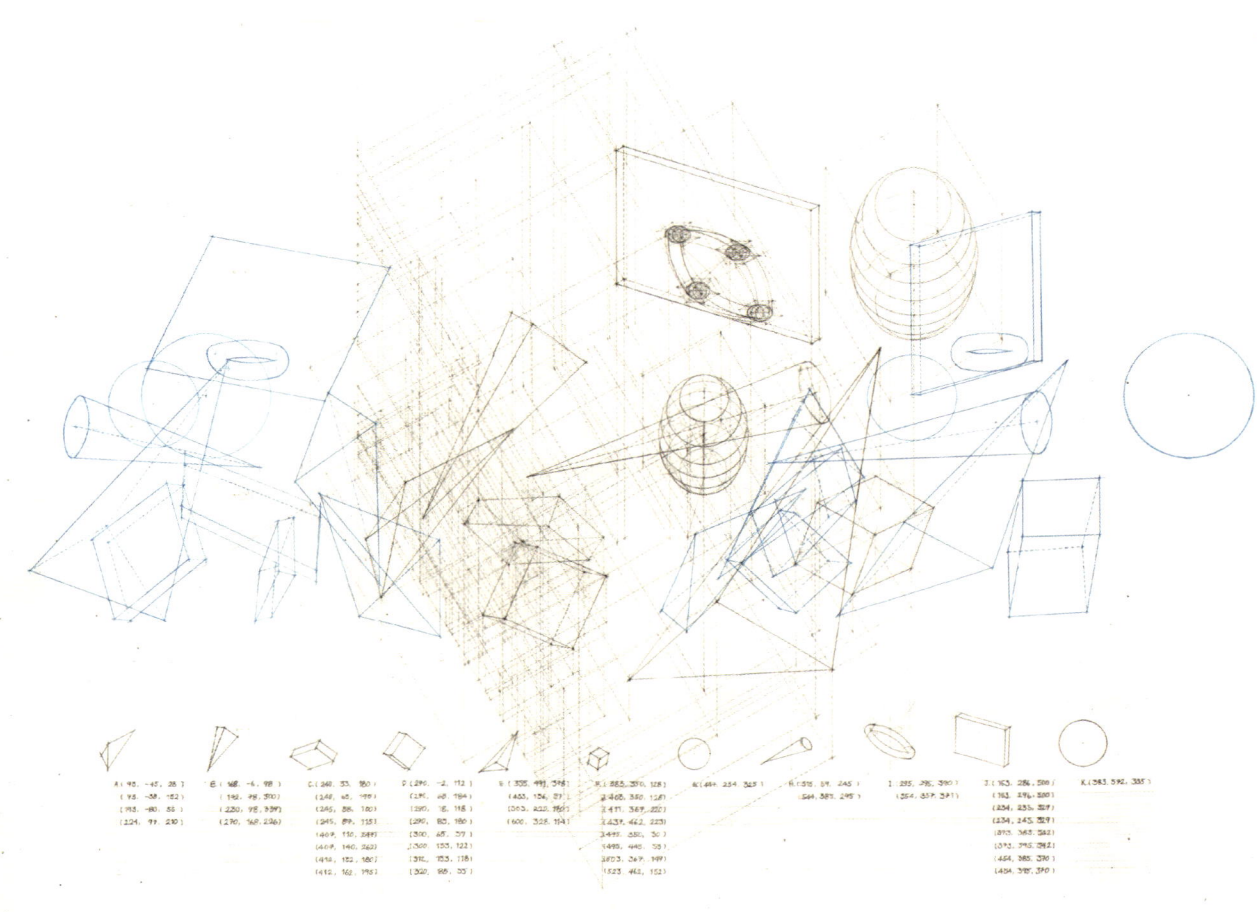

이수미

"얇은 비닐들이 스치는 바스락거리는 소리가 내 귀를 자극했다. 분홍빛의 비닐들이 밝은 빛으로 빛나는 것이 꿈속에 있는 허상의 공간에 있는 느낌을 주었다."

'몽환'적인 분위기가 드러나는 공간을 설계했다. 기하학적 조형물에 몽환적인 분위기를 보여주는 사진이나 오브제들을 분석한 여러 요소들을 적용했다. 빛, 형태, 색채, 크기 등의 요소들을 활용하여 '몽환'이 연출되도록 파빌리온을 계획했다. 드로잉은 공간에서 느껴지는 감성을 극대화시키기 위해 수채화와 목탄을 사용했다.

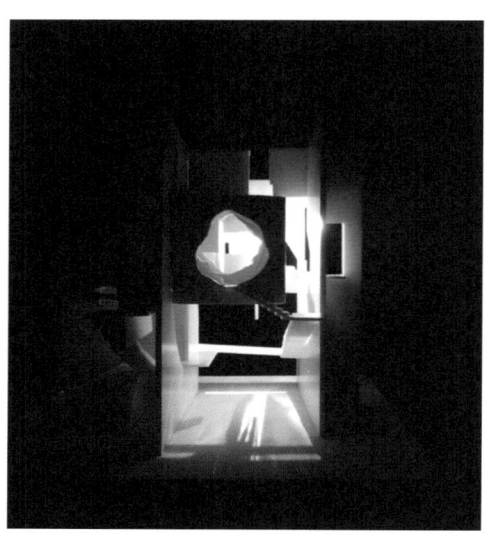

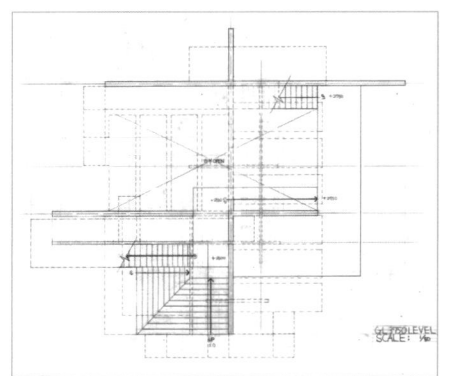

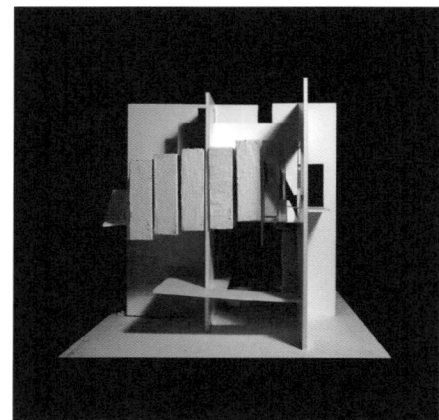

이수현

고전건축에 적용된 기하학적 비례는 건축에 통일성과 시각적인 안정, 공간 경험의 신비로운 차원을 만들어낸다. 고전건축물에서 느낄 수 있는 독특한 분위기는 이와 같은 기하학적 비례와 아치 같은 전형적인 형태를 통해 창출된다. 고전건축의 형태를 구체적으로 이해하기 위해 르네상스 시기의 팔라쪼 외관, 수도원의 중정과 회랑, 파리 판테온의 평면과 정면을 분석했다.

파빌리온 설계는 이 자료의 도해에서 찾아낸 비례체계와 형태 유형을 적용해 볼트 형식의 지붕이 있는 열주 공간을 설계했다. 평면에는 황금비를 적용했고, 벽과 지붕은 기하 조형물의 파편적인 이미지를 반영하여 리브와 보를 따라 분할되어 있다. 이 핵심적인 공간은 전체 파빌리온의 중심부를 향해 배치되는데, 파빌리온의 주요 구조체인 십자(+)로 교차되는 벽면을 관통하여 결합된다.

드로잉은 건물의 표현이 아니라 건축적 사고의 표현이다. 그 표현기법은 건축과 일치되게 선택해야 한다. 이 파빌리온은 기하학적으로 통합된 전체 구도 속에 고전적인 건물형식을 상충시켜 완성했다. 따라서 건축을 표현하고, 중심공간의 설계의도를 드러내는데 적합한 드로잉 방법으로 르네상스 시기에 창안된 투시도법을 활용했다.

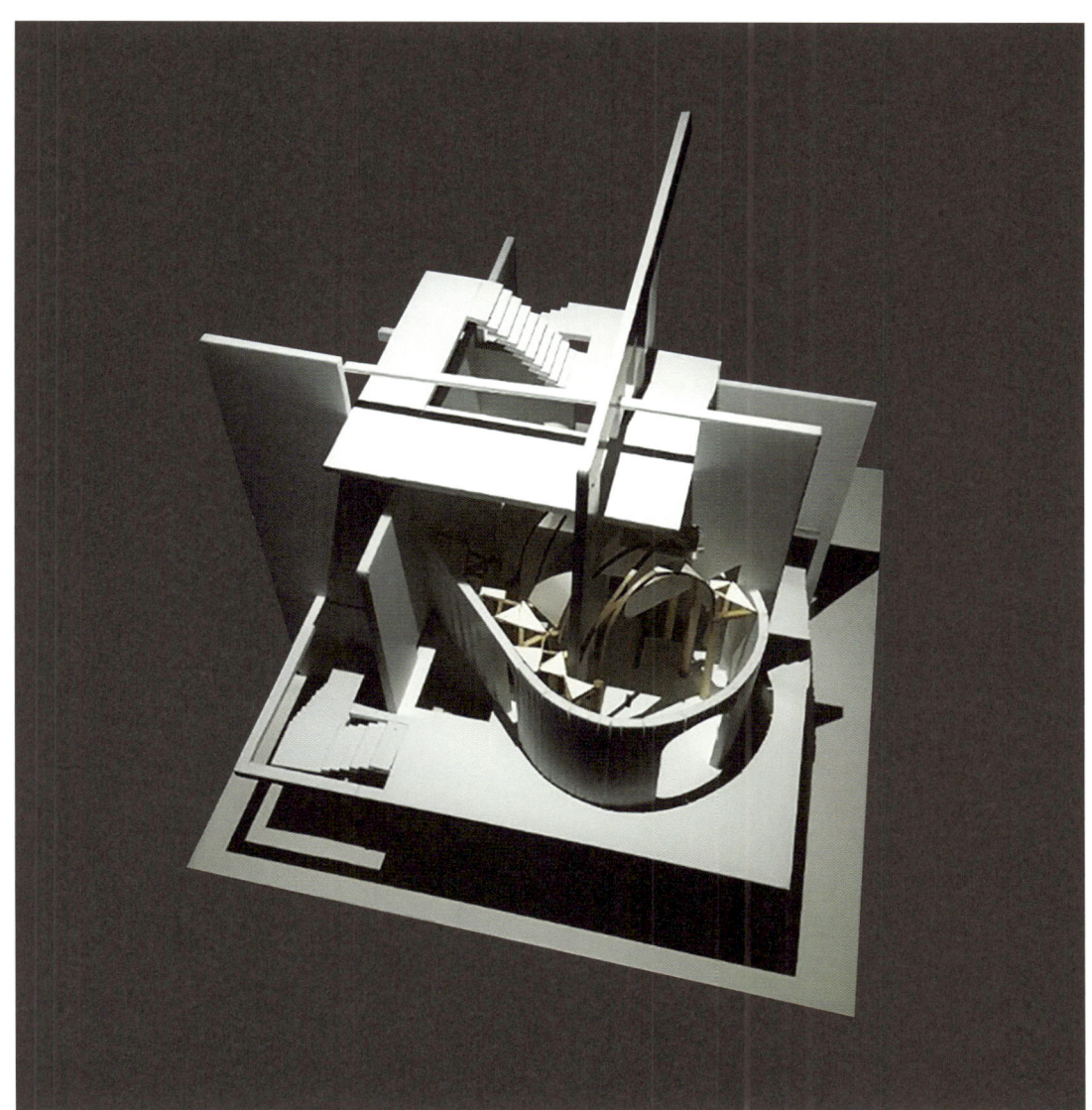

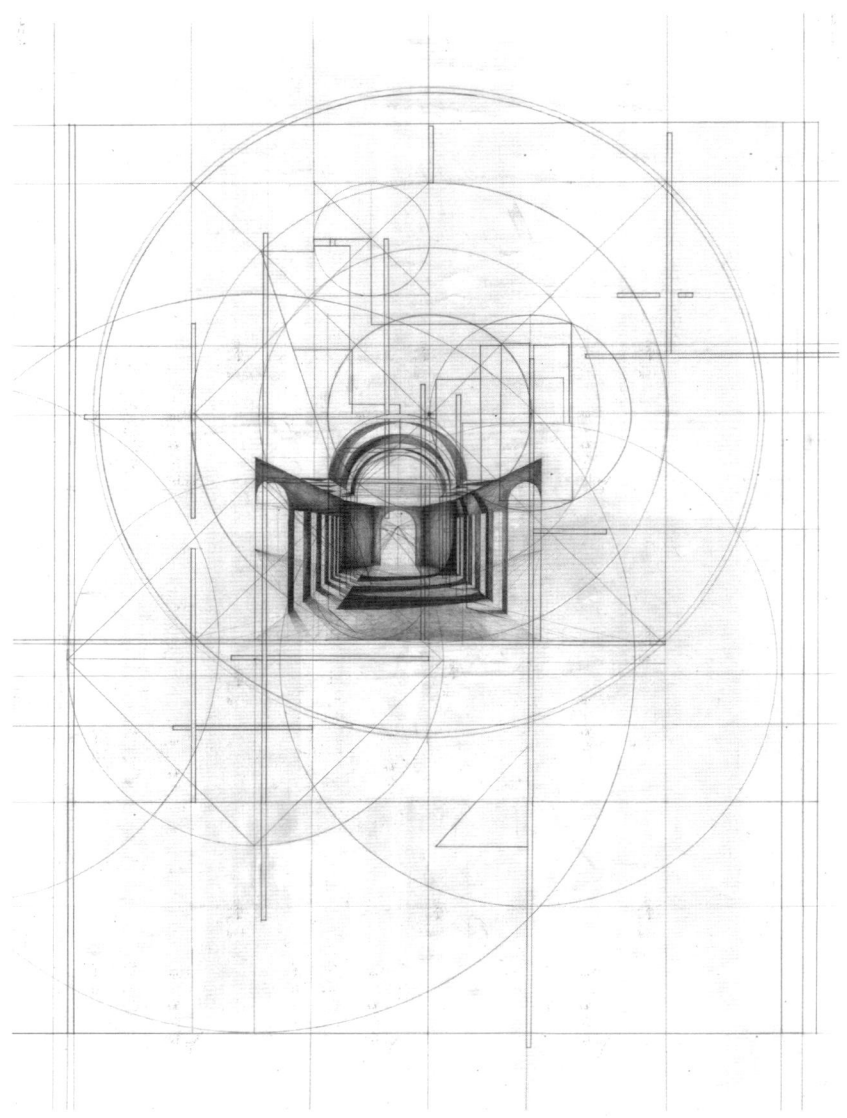

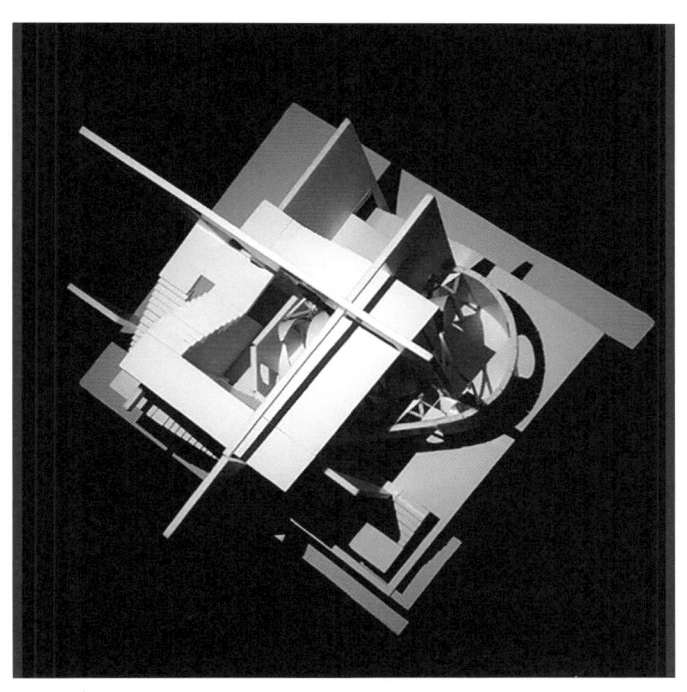

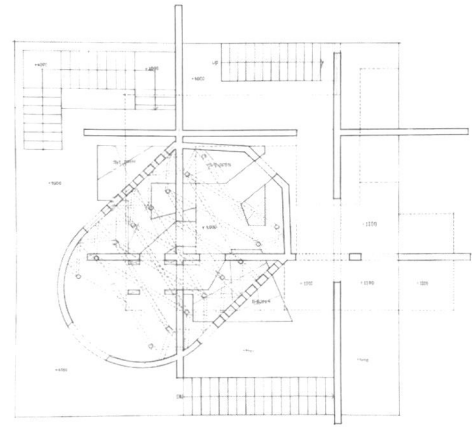

황다영

기하조형물의 벽면에 그려진 기하학적 그리드는 강한 중심성을 만들어 낸다. 여러 복잡한 요소에도 불구하고 중심에 집중되는 힘은 전체적인 설계 방향을 지배한다. 또 조형물의 상승하는 듯한 형상은 수직 동선을 활용하며 중심을 휘감아 도는 방식의 설계로 이어졌다.

미로, 교회, 한옥의 개방성 … 건축은 폐쇄와 개방의 연속적인 구성으로 이루어진다. 하늘을 향해서만 열린 폐쇄적인 공간은 강한 상승감을 유발한다. 외부를 돌아 올라가는 계단들은 내부의 계단과의 사이에 있는 중간 벽에 의해 개방적인 느낌과 폐쇄적인 공간을 교대로 만들어 낸다. 개방과 폐쇄 정도를 단계적으로 반영한 정확한 구성에 의해 중심 축을 향해 빨려 들어갈 듯한 효과를 만들었다.

드로잉은 평면과 입면, 그리고 공간의 기하학적 통일성을 표현했다. 파빌리온의 계단을 오르내리며 사람들은 각 공간의 폐쇄와 개방을 경험한다. 그 역동적인 공간에서 어쩌면 다이내믹한 조형성에 빠져들 수도 있을 것이다. 그러나, 전체를 조망할 수 있는 건축가의 눈을 가진 사람이라면 이 구조물이 기하학적 통일성 위에 구축되어 있다는 것을 간파할 수 있을 것이다.

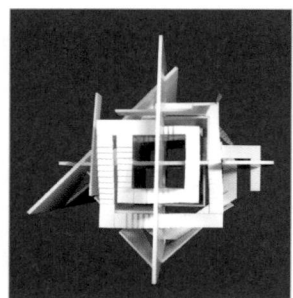

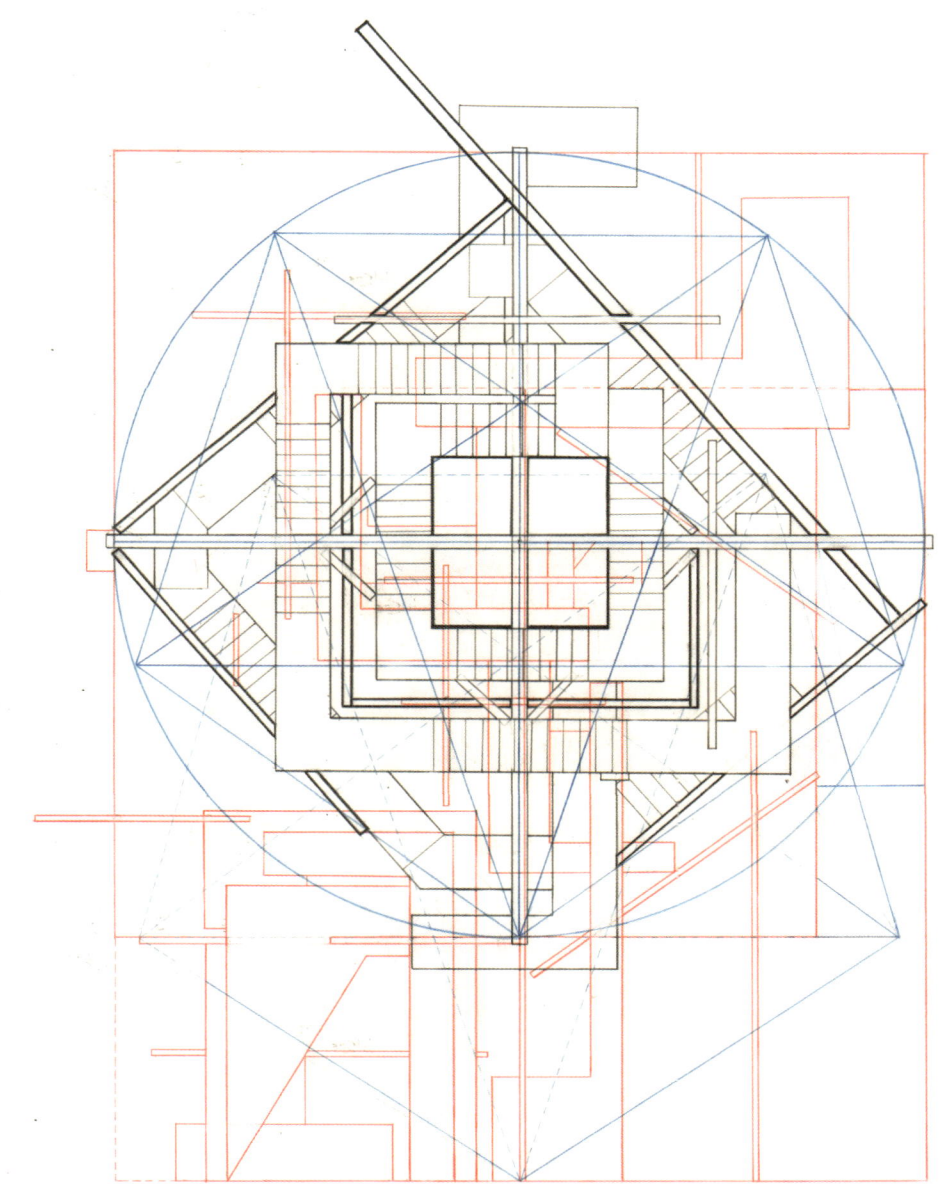

그림 건축 경험

김형진

그림 건축 경험

1. 그림

건축가들은 안전한 은신처, 부동산 자산 가치 이상의 것으로 건축을 이야기하고 싶어한다. 일반적으로 쉽게 동의하기 힘들거나 이해되지 않는 부분이다. 건축가와 사용자의 괴리감은 어디에서 오는 것일까. 건축이 감상과 담론의 대상이 되기를 바란다면 우선 대중들에게 읽혀져야 하지 않을까. 건축은 어떻게 쉽게 볼 수 있을까. 화가의 일대기나 미술사를 공부하고 미술관에 가는 사람들은 있어도 건축가나 건축사를 공부하고 건축물을 보러 가는 사람은 들어본 적이 거의 없다.

미술이든 건축이든 전문가나 전공자가 아니라면 공부를 하고 구경을 간다는 것은 부담스러운 일이다. 도서관에서 책을 찾다 보면 한 두 권 읽고 끝날 일이 아니고 관련 역사, 작가, 기법 등 여러 책을 찾아본 후에나 내용이 눈에 들어오게 된다. 작가 이름, 사조, 특징들이 머리 속에 떠돌기 시작하면 이들을 수 많은 그림들 속에서 해당되는 특징들로 짝지어서 떠올려야 하니 가볍게 즐기는 감상의 대상으로서는 이미 자격 미달이다. 그래서 시간의 순서로 나열되는 기준과는 다르게 그림을 나누어서 보기 시작했다. 주인공 인물이 등장하는 그림, 주인공이 없는 사실화, 사물이 주인공으로 등장하는 그림, 그림이 전달하려는 의도가 액자 밖 어딘가에 있는 그림으로 크게 네 가지로 나누어 보았다.

1-1 마네, 폴리 베르제르의 바, 1882

주인공의 얼굴은 정면을 향하고 있지만 분명하지 않은 시선 방향으로 인해 관람자는 그녀의 주변을 관찰하게 만든다. 그리고 등 뒤 거울을 통해 그림 속 공간과 주인공의 감정 상태를 읽을 수 있다. 관람자는 주인공의 시선을 통해 사건의 순간으로 들어가고, 빠져나오면 사건과는 무관한 제3자가 되어 그림의 구조를 객관적으로 관찰하고 감상한다. 액자 안과 밖, 즉 주인공의 시선과 관람자의 시선을 넘나들며 그림을 감상하게 된다.

미술사의 오랜 기간 동안 그림에는 주인공 인물이 등장했다. 그림은 시간을 정지시켜 놓고 주인공의 감각신경에 관람자의 신경을 연결시켜 액자 속의 시간으로 들어가 사건 발생시 주인공의 느낌을 전달 받는다. 영상매체가 일상에 보급되기 이전 시대에, 사람들은 활자와 구전으로 전해지던 신화, 문학, 역사적 사건의 실체를 눈으로 보고 싶은 갈증이 있었을 것이다. 이에 화가들은 상상 속의 주인공들을 세상에 데뷔시키듯 그려냈다. 그림 속 주인공들의 표정과 동작은 상상만 하던 장면을 현실에서 확인하는 유일한 수단이었을 것이다.

언제부터인가 주인공이 인물이 아닌 그림들이 등장하기 시작했다. 이런 그림들은 미술계에서 인물화보다 아래 서열의 그림으로 취급되었다고 한다. 문학에서는 주인공이 등장하지 않으면 이야기를 만들기가 쉽지 않지만 그림에서는 이것이 가능하다. 자연에서 화가가 순간(적으로) 감지해낸 찰나의 표현과 그 순간-감각의 전달이다. 이런 부류의 그림은 그림 속 주인공의 신경이 아니라 액자 속 공간을 목격한 화가의 감각신경에 연결된다고 봐야 할 것이다.

1-2 (좌상) **마네, 바다풍경,** 1873
거친 바람을 드러내준 것은 바다이다.

1-3 (우상) **마네, 볼로뉴 항을 떠나는 증기선,** 1864
정지한 듯 움직임이 없는 고요한 바다에 커다란 배가 떠있을 때 문득 바다가 선박보다 무거운 고체금속처럼 보인다.

1-4 (좌하) **마네, 로슈포르의 탈출,** 1880

1-5 (우하) **마네, 키어사지 전함과 알라바마 전함의 전투,** 1864
역사적 사건의 순간들에서의 긴박감, 공포, 환희를 나타내는 주인공은 바다의 너울, 풍랑, 색이다.

다음은 물체가 주인공이 되는 그림이다. 주로 물체들이 따로 떨어져 놓여있거나 무리지어 겹쳐 보이는 그림들이다. 이런 그림에서는 물체의 형태적 특징, 물성, 질감, 무게감 등이 표현된다. 그와 동시에 물체를 배치시킬 때 거리, 방향, 시선 등으로 만들어 내는 의미, 상징과 구도 등이 주요 테마가 된다. 이상 세 가지 부류의 그림에서 관람자는 주인공의 시선을 통해 그에 얽힌 이야기를 보게 되고, 화가의 시선을 통해 일상의 풍경과 물체를 다시 보게 되었다. 이러한 그림들에는 관람자가 봐야 할 내용이 캔버스 위에 모두 그려져 있다.

1-6 보갱, 오감, 1630

물체들이 상징하는 다섯 가지 감각에 대한 해석을 뒤로하고 그림의 구도만 보면 체스판의 그리드는 강한 방향성을 보인다. 그 방향에는 벽이 막아서 있고, 이 때문에 시선은 물병에서 멈춘다. 투명한 꽃병은 유리와 물의 투명성으로 인해 체스판 위에 놓여 있는 듯하기도 하고 살짝 바닥에서 떠 있는 듯 무중력감도 느껴진다. 좌측 테이블은 체스판 그리드처럼 존재감을 드러내지 않고 위에 놓여 있는 서로 닮지 않은 물체들의 배경이 된다. 좌우로 나뉜 화면에서 한쪽은 사물들의 특성이(조형성, 질감, 색), 다른 한쪽은 바닥 면과 벽에 의한 공간성이 강조되어 있고, 이런 구도에 구속받지 않는 듯 투명한 유리구슬 같은 꽃병이 몽환적으로 떠 있어 그림 전체의 중심이 된다.

1-7 엘 리시츠키, 프라운, 1922

완벽한 입체로 보기에는 면의 개수가 일부 모자라지만 형태적 특징을 잃어버리지 않은 채 배경이 되는 공간과 주제가 되는 입체 도형을 합성, 배치시켰다. 그래서 구성이 독특하고 모순적이며 풍부한 공간적 상상을 자극하고 있다. 작가는 2차원과 3차원의 중간단계라고 말한다.

네 번째 부류의 그림은 인물, 풍경, 사물 등 실제 세계의 사물을 묘사하거나 암시하는 흔적이 없이 선, 면, 기하도형, 색 등으로만 표현된 그림이다. 이 그림들에는 주인공의 숨겨진 이야기나 물체의 상징도, 주제와 배경도 구분이 없다. 관람자는 색, 농도, 균형감, 운동감, 질서 등에서 감각과 심리의 변화를 느끼고, 잠재된 기억을 소환하게 된다. 이러한 그림들의 의미는 그림 속에 한정되어 있지 않고 캔버스 밖 어딘가에까지 확장된다. 그것이 관람자의 감각, 기억, 의식의 영역에 다다르면 시공간을 넘나들며 확장되기도 한다.

1-8 말레비치, 검은 사각형, 1915

회화와 조각에서 최소의 본질, 환원할 수 없는 핵심을 규정하려 했던 전시 〈0,10〉 출품작. 말레비치는 회화에서 비언어적이면서 불확실한 방식으로 의사 소통할 수 있는 가장 확실한 방법 중 하나는 색채라고 생각했고 회화에 대한 실험 중 색면을 분리시키기 시작했다. 그는 이 그림에서 관람자가 기하학적 형상보다는 모든 상징의 단서를 없애고 난 후의 결과로서 원초성을 대면하기를 기대했으며 이때 직관과 무의식의 영역이 확장되기를 바랬다.

 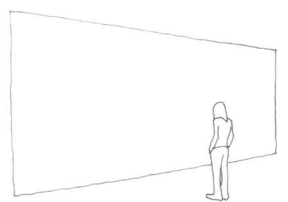

1-9 바넷 뉴먼, 안나의 빛, 1968

폭 6M가 넘는 시야각 이상의 붉은색 앞에 서면, 마치 능선 위에서 태양에 물든 세상을 마주한 것처럼 장대함 앞에 가슴 벅참 같은 것이 올라온다. 숭고미, 장검미라고도 표현되는 감정. 캔버스 안에 행해진 페인팅이지만 이 작품으로 야기시키고자 하는 것은 캔버스 밖, 관람자 본인의 시원적 기억 속에 있다.

2. 건축

앞서 그림을 미술사와 이론에 구애받지 않고 나누어 봤듯이 건축을 쉽게 이해하기 위해 이론이나 역사적 맥락을 떠나 건축 소비자의 입장에서 눈에 보이는 대로 건축을 쉽게 범주화해 보려 한다.

첫 번째는 상징의 건축, 혹은 상징이 되고자 하는 건축이다. 고대 이집트 피라미드의 규모와 높이는 신격화된 왕권 권력의 절대성을 드러내고 있으며, 사각뿔의 형태는 사후에도 생명이 불멸할 것이란 종교적 믿음을 바탕으로 선택된 견고함의 상징일 것이다. 지금까지도 사막의 수평선을 배경으로 위용을 유지하고 있으며 이 왕의 무덤은 세계인들에게 이집트를 대체할 만한 아이콘이 되어 있다.

양식의 건축 시대에는 건축물의 전체적인 형태부터 디테일까지 아우르는 규칙을 정하여 짓도록 하였다. 규칙에 대한 절대적 믿음이 사라진 현대에도 역사적 양식 표현은 여전히 부와 고귀함을 상징했던 코드로 생명력을 잃지 않고 변형되어 가며 건축을 포함한 디자인 영역에서 주요한 표현의 한 축을 이루고 있다.

2-1 피라미드, B.C. 2500

2-2 파르테논 신전, 롤스로이스 라디에이터 그릴

2-3 현재에도 여전히 위력적인 2천 년 전 양식의 흔적

두 번째는 20세기 초 건축 아방가르드들에 의해서 시작된 현대건축이다. 당시 그들은 건축이 과거의 역사적 양식 표현을 답습하며 표면에 장식을 새겨 넣기 위한 수단처럼 소비될 것이 아니라 건축형태의 본질적인 모습으로 건축적 가치가 이야기되어야 한다고 생각했다. 장식의 꺼풀을 벗겨내고 마치 알몸처럼 드러난 매끈하고 평평한 면으로 이루어진, 상징에서 벗어난 순수 입체 볼륨이 본질적 형태라 생각했다. 건축가들은 드로잉 작업과 축소 모형으로 기하 입체들을 조작(분할, 중첩, 교차 등)하며 조형 논리를 탐구해 나갔다. 그 목적은 주로 형태와 공간을 어떻게 다루고 만들 것인가, 비례, 균형, 볼륨 등이 적절한가, 만들어진 형태 공간이 인간사회의 요구에 합목적적인가(인간 사회가 처한, 만들어 가는 환경에 어떻게 합리적으로 대응하는지)에 대한 것들이었고 건축의 가치에 대한 판단 기준이 되었다. 이러한 건축의 전체 과정에서(스터디 단계부터 실물이 지어지기 까지) 형태와 공간은 건축가들에게 실제적인 대상이었고 가장 중요한 테마가 되었다. (건축형태와 공간은 과거의 건축에서처럼 속이 채워진 두껍고 육중한 모습들은 자취를 감추고 콘크리트나 유리의 얇은 외피로 둘러싸여 속이 비어 있는 입체로 만들어진다. 이러한 입체의 외부 윤곽을 건축형태라 한다. 내부에서 보여지는 윤곽은 한눈에 특정 형태로 인지되기보다는 외부에서 확인했던 윤곽에 대한 기억에 의존해 유추해 가며 한정된 내부의 3차원 영역을 인지하게 된다. 이를 건축공간이라 한다.)

현대건축은 그렇게 면에 대한 가치를 발견하고, 고전 건축의 대칭구성에서 벗어난 자유로움이 만들어 내는 조형성을 만끽하기 시작했다. 새로운 건축은 세계대전 이후 복구 사업과 신생국들의 도시 건립을 계기로 급속도로 퍼져나갔고 지금 우리가 살고 있는 도시의 기하풍경을 만들어 내게 되었다.

물체, 식물 등 구체적이고 익숙한 시각대상을 장식화한 과거 양식의 시대에 지어진 건축물의 조각적 미는 대중에게 익숙한 감상의 대상으로 접근이 용이하다. 모티브가 된 원형의 특징 혹은 상징을 잘 묘사했느냐를 판단할 시각적 근거가 있는 반면, 현대건축은 추상화의 기하 도형들이 실제의 세계에 입체로 만들어진 듯한 모습이다. 이들의 중성적인 형태 요소들은 대중이 시각적 단서로 익숙함을 느끼고 접근할 만한 사물을 연상시키지 않는다. 이 부분이 태생적으로 현대건축이 무엇을 드러내고자 하는 것인지 판단하기 어려워 보이는 이유이다.

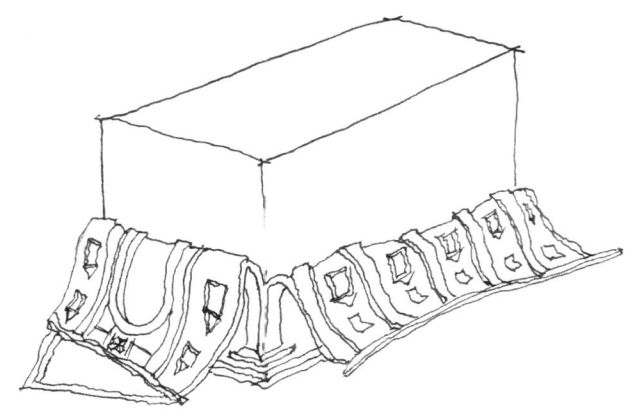

2-4 양식 제거

당시 건축아방가르드들이 기하입체 형태의 건축과 그에 의해 생성되는 건축공간으로 무슨 이야기를 했는지 예를 하나 들어본다.

그림 2-5의 건축물은 1920년대 초반 파리 외곽에 지어진 건축물이다. 당시 타운에서는 주목받는 현대식 건축물이었을 것이다. 건축가는 역사적 양식의 장식적 건축에서 벗어난 새로운 건축으로 세상을 만들자고 주장하던 르 코르부지에이다. 그의 작품 중에는 비교적 대중에게 덜 알려졌지만 현재 우리 일상에 익숙한 건축 규모여서 사진을 보며 상상하기 좋고 단순한 형태이지만 논리가 선명해서 후대에 교과서 처럼 인용되는 건축구성 흔적들이 뚜렷한 작품이다.

2-5 빌라 베스누스, 보크레송 프랑스, 1922

그림 2-6에서 보듯이 2차원 드로잉의 기하 비례에서 시작한다. 정사각형을 두 개를 나란히 이어놓고 그것을 4분할하여 중앙부에 정사각형의 영역을 형성한다. 정사각형이 중첩된 중앙 부분에는 1층에서부터 3층에 이르기까지 수직방향으로 중요 공간들이 위치한다. (그림 2-7) 이와 같이 만들어진 입체를 대지에 어떻게 놓을 것인지에 대하여 많은 경우의 수를 고민하게 된다.

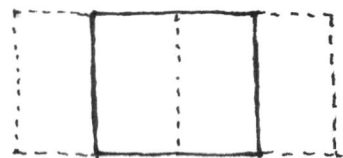

2-6 정사각형 중첩

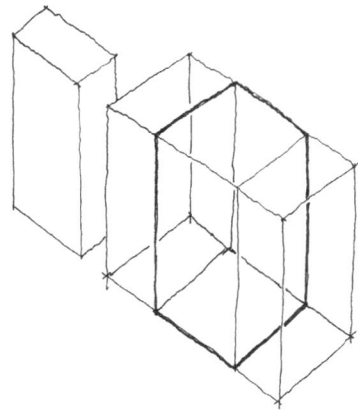

2-7 평면을 바탕으로한 입체 볼륨

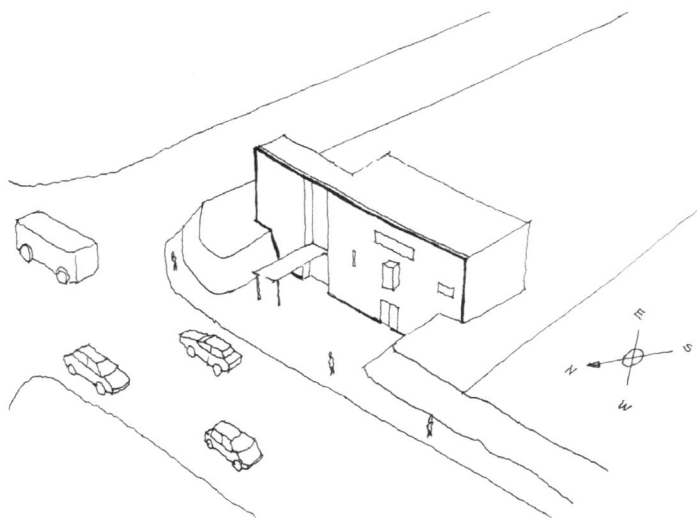

대지는 도로 반대쪽인 남동측 방향으로 넓은 영역을 가지고 있는 조건이라 도로에서 어느 정도 뒤로 물러서 위치시킬 만도 했지만, 그의 선택은 도로에 바짝 나란히 길게 면하도록 배치시킴으로써 건축물은 도로와 마당 사이의 경계와 같은 역할을 하고 있다. 건축물 전체가 경계선의 형태이지만 앞뒤의 구성은 다르다. (그림 2-8)

2-8 정면

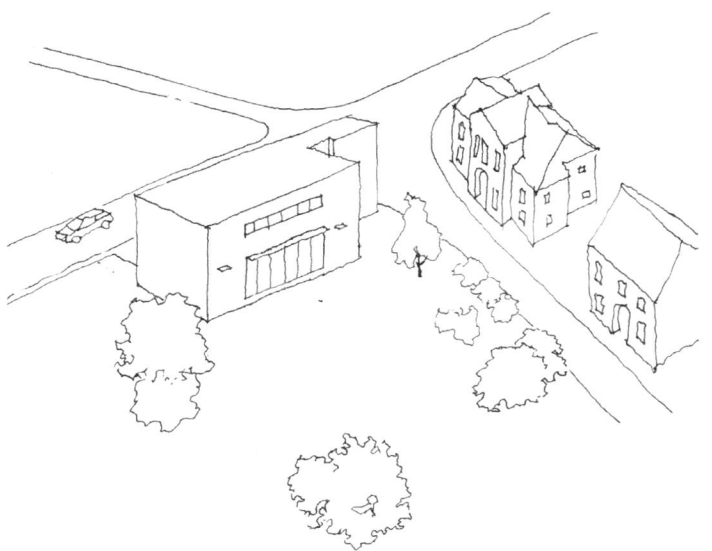

정면은 도로의 혼잡함에 대응하여 최소한의 개구부를 만들어 폐쇄적인 벽과 같은 모습이고, 뒤쪽은 남동향의 밝고 따뜻한 빛과 넓은 안마당을 향해 상대적으로 크게 열려 있는 모습이다. 경계로서 놓인 상황에 걸맞게 건축물은 앞뒤가 대비되는 구성이다. (그림 2-8, 그림 2-9)

2-9 2층 높이에서 연결되는 안마당과 거실

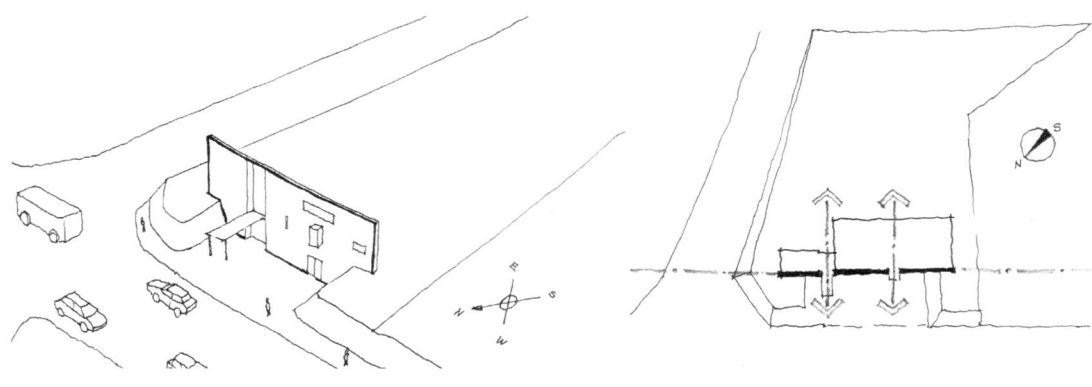

2-10 도시스케일 대응   2-11 정면 벽 관통

정면 벽의 창과 발코니는 벽면을 관통하여 외부로 내민 부분인데 정면 벽이 내부에서는 한 개 층의 일상적인 벽면이지만, 동시에 도로쪽 밖에서는 도시적 스케일에 걸맞는 3개층 규모의 거대 벽면으로 경계벽 역할을 하고 있음을 확인할 수 있는 장치이다.(그림 2-10, 그림 2-11) 도시의 일부분으로서 건축이 무엇에 어떻게 반응하고 있는지, 그 순간에 건축은 인간의 활동을 어떻게 담아내야 하는지, 그 와중에 사람은 건축에서 무엇을 발견하고 느끼는지에 대한 건축가의 생각들이 명확하게 잘 드러나 있는 작품이다.

세 번째는 작가적 의도가 깃들어 있는 작품이기 보다는 최소한의 도구로서 의미를 두는 건축물이다. 청계천, 을지로의 공구상, 자재상, 홍대 일대의 골목에서 건축은 문자, 그래픽, 상품 뒤에 가려져 있고 이러한 상황 하에 건축은 최소한의 노력으로 만들어지기도 한다. 야생초가 자신의 생존 조건에 맞춰 들판에서 자연스럽게 번식하듯, 사용자들의 조건과 필요에 따라 그때그때 번져나가고 군집을 이루며 도시에 생명력을 불어넣는가 하면 침체되어 사라지기도 한다. 건축적 완성도나 작품성 보다는 자연스러운 생존으로서의 건축이다.

2-12 홍대거리

네 번째 분류에서 건축물은 전술로 작용하고 건축전략은 건축에 있지 않는 경우이다. 건축가의 의도가 건축물의 형태로 드러나기 보다 건축물에 접근하고 내 외부를 배회하는 와중에 잠재되어 있는 작가의 의도가 떠오르게 된다. 앞서 예를 들었던 색면파 화가 바넷 뉴먼의 그림(그림 1-9)은 커다란 화면에 붉은 색으로만 칠해진 그림이다. 갤러리에서 그의 그림 앞에 서면 액자의 끝이 한눈에 보이지 않을 정도로 커다란 그림이다. 장엄한 자연의 풍광 앞에 섰을 때처럼 시야가 온통 붉은 색으로 지배당한 채 인간의 내면 어딘가에 잠자고 있던 원초적이고 시원적인 기억과 감각이 수면 위로 떠오르게되는 그림이다. 이러한 상황에서 감각은 장엄, 숭고, 원초와 같은 문자언어보다 명료하고 뚜렷하다. 감각신경에 직접 플러그를 꽂은 듯이 전달되는 매개체로서 역할을 그림이 하고 있다. 이 작품에서 전략이자 개념은 인류에 내재되어 있는 원초적인 기억을 불러 일으켜 감각에 접촉하고자 함이고, 전술은 시야각을 넘어서는 지배적인 커다란 붉은 색으로 볼 수 있다.

2-13 스티븐 홀, Sokolov Retreat, 1976

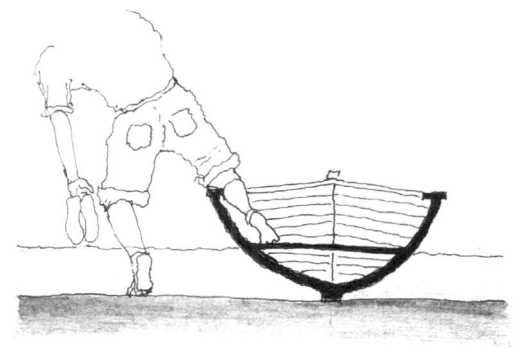

2-14 도착

건축가 스티븐 홀의 소콜로프 리트리트는 해변에서 가까운 바다에 계획된 별장이다. 입구로 들어가려면 배에서 내리기 전에 신발과 양말을 벗고 바지를 걷어 올린 채 발목이 잠길 정도의 수면 아래 플랫폼에 내려야 한다. 배는 이곳에 정박을 하고 수면에 잠긴 길 위를 걸어 콘크리트 타워 중 하나의 입구에 다다르면 계단은 수면 아래로 향해 있다. 수면 아래에서 네 개의 타워는 연결되어 있고 이 곳에서 창 밖의 풍경은 물속이다. 각 타워의 수면 아래는 해먹, 요리 등을 위한 영역이고, 사다리를 타고 올라 다이빙을 할 수 있다. 건축주는 소유하고 있던 기존의 휴가를 위한 별장이 시끄럽다는 불만을 토로하며 건축설계를 의뢰했고 건축가는 휴가라는 의미에 대해 생각했을 것이다. 노를 저을 때마다 현실계인 육지에서 멀어지는 배, 신발을 벗어 발가락 사이로 방출되는 현실의 열기, 발에 물이 닿는 순간 온도와 매질의 변화를 느끼며 일상이 지워지는 동시에 소환되는 '휴가'의 의미가 수면 위로 떠오르도록 짜여진 전략이다.

3. 경험

건축물 안에 들어서서 내부를 볼 때는 건축물을 밖에서 볼 때처럼 전체를 하나의 입체도형 명칭으로 설명하기 어렵다. 형태를 묘사하는 단어도 주로 외형의 전체 윤곽을 표상하며, 내부 형태를 표현하는 단어는 부분적이거나 서술적 문장이 된다. 아래 그림 3-1에서 보듯 건축물의 외부 형태는 완결된(열려 있는 곳이 없이 닫힌) 윤곽선으로 그려낼 수 있는 입체도형이고, 반면 내부에서 시야에 들어오는 형태는 윤곽선이 시야를 넘어 연속되어 방사형으로 뻗어나가 끝을 알 수 없는 상황이 된다.

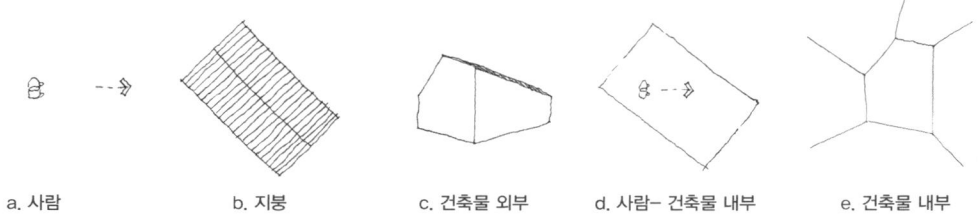

a. 사람   b. 지붕   c. 건축물 외부   d. 사람- 건축물 내부   e. 건축물 내부

3-1 건축물의 외부(a, b, c), 건축물의 내부(d, e)

건축물의 내부는 외부 형태와 달리 퍼져 나가는 윤곽선의 끝이 닫히질 않아 배경과 주제의 구분이 없다

일반적으로 건축물의 내부 그림 혹은 사진은 시야 밖으로 계속 연장되는 형태를 사각형의 틀에 맞춰 잘라 놓은 상황인데 실제 시야에는 사진의 액자와 같은 사각형 틀은 없다. 생각해 보면 사람의 시야범위는 사각형이 아니고 눈의 모양일 텐데 정확하게 어떤 형태의 틀을 통해 보고 있는지 의식하지 못한 상태에서 그림의 형태로 대표되는 사각형의 액자로 재현해 내는 것일 뿐이다. (그림 3-2)

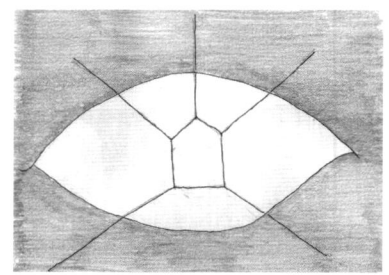

3-2 시각의 범위

그림 3-1c는 사람 a가 건축물 밖 고정된 자리의 시점에서 한눈에 전체를 보고 그린 그림이고, 그림 3-4는 그림 3-3c의 사람이 고정된 시점과 시선으로 볼 때의 장면이다. 이 사람이 내부를 파악하기 위해서 한 걸음 내딛을 때마다, 둘러보고 동공을 움직일 때마다 그림 3-4와 같은 장면이 무수히 많이 생성되며 기억에 저장된다.

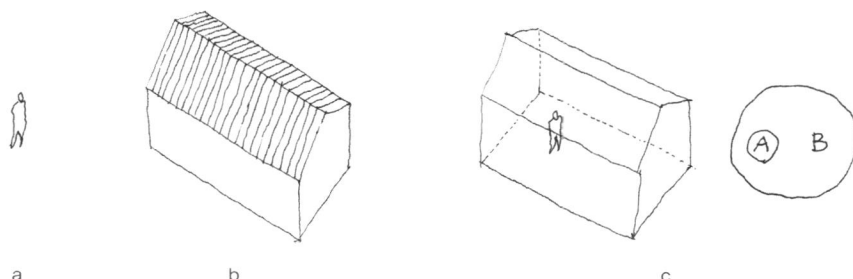

3-3 건축물 외부 및 내부의 인지

내부는 인간의 지각으로는 한두 발 뒤로 물러서도 전체를 한 장의 그림으로 그려낼 수 없는 한계를 갖고 있다

동선을 따라 안과 밖을 넘나들며 움직이는 시점과 시선으로 보게 되는 것이 건축이라는 장르의 가장 독특한 특성이라고 할 수 있다. 하나의 견고한 입체가 내부에서는 그림 3-1 e와 같이 5각형과 방사형으로 뻗어가는 5개의 면들로 분리되어 지각된다. 이 면들의 반대 쪽을 확인하려면 시선을 돌려야 하고 정면에 보이던 오각형은 시야에서 사라진다. 이 때 시점이 이동함에 따라 시야에서 사라지는 과거의 잔상과 현재의 이미지가 연속적으로 누적 생성되며 의식의 영역에서 합성이 일어나 형태를 인지하게 된다. 외부에서 한 눈에 전체 형태 윤곽을 파악하는 게 우선 작용했다면 내부에서 지각은 연속되는 면과 면들이 만들어내는 형태들과 공간에서 명암, 소리, 질감, 냄새, 색채 등에 동시에 반응한다. 이렇게 이동 중에 발생하는 현상과 사건들 속에 건축경험이 있다고 볼 수 있다.

3-4 고정된 시점과 시선에서 인식되는 순간의 한 장면

3-5 내부에서 시각의 반응과 인지

건축 체험 중에는 시각이 다른 감각에 비해 우월하게 작동하지만 형태에 대한 시각적 경험에만 국한되는 것이 아니라 청각, 후각, 촉각 등의 다른 감각에 의해 지각되고 인식되는 과정이 복합적으로 일어난다.

건축 경험에는 내·외부를 이동하며, 관찰, 관조 등을 위한 시간이 소모가 된다. 건축은 여러 비유로 설명될 수 있다. '동결된 음악'(괴테), '빛 속에 매스들의 향연'(르 코르부지에) 등… 시간을 소모한 후에 판단이 이루어진다는 측면에서 음악과의 유사성을 보이기도 하고, 사각형의 액자에 넣고 보면 그림의 구조와도 같다고 볼 수 있으며, 입체와 공간에 의해 동선을 유도하며 기승전결의 구조를 만드는 것은 문학적 구조라고도 이야기하고, 장면들을 연속시키는 것에 초점을 맞춰 건축을 영화적이기도 하다고 말한다.

의식의 영역에 건축이 어떻게 들어오는가를 보면 입체들의 윤곽으로 형태를 인지하며, 동선을 따라 이동하면서 두리번거리고 명암, 색, 온도, 냄새, 기류를 감지하면서, 이러한 상황들이 의식의 영역에서 지각되고 재분류된다. 이 과정에서 떠오르는 기억, 감각, 키워드, 상징, 형태… 속에 건축이 드러내고자 하는 것이 있고, 건축을 경험하는 가치와 즐거움이 있다.

형태 만들기/이야기 만들기

김주철

Intro

잠에서 깨어남, 또는 완전한 시작
정육면체 또는 Cube Puzzle
Cube Puzzle과 3 차원(x,y,z field) 또는 Cartesian coordinate

형태 만들기
Form Making

대상과 규칙
기준과 규칙들: 형태의 추출 및 구성에 있어서
형태를 만들면서

**이야기 또는
프로그램 만들기**
Story or Program Making

이야기, 시나리오, 프로그램
우선, 프로그램
그리고 용도use
경험과 프로그램 – 객화, 대상화
경험하기 과정 – 글쓰기, 답사하기, 영화보기, 책읽기
이야기|story와 시나리오scenario 만들기
다시 이야기 만들기
다시 시나리오 만들기

**형태와 이야기
(프로그램)의 만남,
결합 또는 스며들게 하기**
Form + Story(Program) Making

형태 + 프로그램
형태들
프로그램
축척scale

Outro

성스런 배스우드, 우드락 혹은 자의식ego
질문들
방학

부록

형태, 형상, 입체 등의 이해 – 설정

Intro

잠에서 깨어남, 또는 완전한 시작

며칠 전까지 분명히 이리저리 끌려다니며 좁은 책상에서(침흘리며) 자고 있던 고등학생이 갑자기 정신차려보니까 건축학과에 있다는 것은 생각보다 매우 당황스러운 상황일 수 있다. 문학부도 예술학부도 아닌데 능동적인 또는 주체적인 창작물을 매 학기 내놓아야 하는 입장이 된 것이다.
(이에 대한 불평은 학생에게 직접 들었다 ; 여태까지 외우고 시험쳐서 대학에 왔는데, 왜 대학에 오니까 갑자기 창조적인 무엇을 **나에게** 내놓으라고 하는가!)

게다가 능동적 · 주체적으로 — 즉 내 몸을 움직여서, 내가 생각해서 — 조그마한 건물(?) 같은 것도 만들어야 하고, 커다란 종이에 건축계획도 해야 하고, 많은 책들도 들춰봐야 하고, 낯선 거리와 장소를 배회해야 하며, 밤새도록 작업을 해야 하며, 예술적 언사도 좀 구사해야 할 듯한 그런 곳에 오게 된 것이다.
이 말은, 인식론적으로 또는 인지라는 측면에서 자고 있던 학생들이 **잠에서 깨어나야 하는** 상황에 직면한 것이다.
주체적으로 생각해야만 하는 상황이 오고야 만 것이다.

수동적으로는 대응되지 않는 상황. 즉, 대상을 주체적 · 적극적 이해도 해야 하고, 그뿐만 아니라 **무엇인가를 만들어야** 하는 상황은 이렇게 들이닥치며 동시에, 그 대상의 실체가 무엇인지, 어떤 접근이 좋은지 알지 못한 채 완전히 어쩔줄 모르는 상태로 시작된다. 사실 학생도 교사도 모른다.[1] 완전한 시작이라고 할 수 있다.[2]

1) 공통 교과 교육과정으로 성립되어 있지는 않는다고 해두자. 또는, 자유로운 교육과정이 가능하다고 해도 좋다.
2) 건축(업)은 신비한 석공의 시절, 도제시절, 하인, 노예 등의 상태를 거쳐 현재 턱시도 없는 서비스업으로 정착했다.

그렇다면 그 어떤 시작도 가능할 것이다. 당연하고 쉬운 원칙들과 규칙들을 설정해가면서 스스로 만들어보는 '경험'들에 **방법적 회의**方法的 懷疑[3]를 해가며 탐구해 보는 것이다. 어떠한 근거와 배경으로 어떻게 그러한 탐구가 가능한가?

우선, 현 시대는 수 많은 문화, 정치, 사회 유산들의 수혜를 받았다. 그것들은
- 자유주의, 공화정, 민주주의, 개인주의, 정교분리, 산업혁명...
- 바우하우스 운동, 러시아 구성주의, 도전적 미술운동...등등

이러한 근·현대의 다양한 도전과 성과들의 영향으로 예술/건축 분야는
- 이전 시대의 규준 붕괴와 새로운 규준(거창하게도 모더니즘이라 불린다)의 탐구와 시도,
  그리고 교육이 가능하다는 인식과 실례가 있다.
- 또한 제약 없는 인식과 표현, 그 가능성을 주장한다.

그렇다면 그러한 가능성은 실현되지 않을 이유가 없는 것이다. 다른 말로는 '뭐든 가능한 20c 또는 21c' 라는 구호가 있다. 이러한 것들에 기대어 이번 탐구생활이 시작된다.

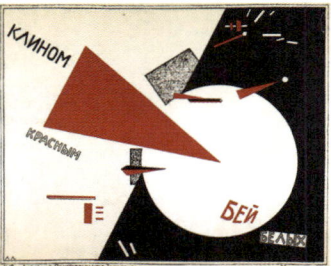

---

3) 르네 데카르트의 그 유명한 방법적 회의. methodical doubt

하지만 이 탐구생활은 건축의 본래적·근원적 성격에 따라 구조적이고 기하학적이며 보편성을 추구하게 된다. 무엇이든 가능하지만 무절제하고 무책임한 즉자적 탐구는 제약 또는 엄격하게 통제된다. 그럼에도 즉흥·우연·감성·시적허용과 같은 감각영역 등은 배제되지 않으며, 과정 중에 적절히 조절되는 것을 목표로 한다. 게다가 그것들의 이름을 보라. 언제든 어디서든 튀어나온다.

건축은 본래적·근원적 성격 때문에 – **만들고, 만들어지고 싶어한다.**[4] 구성되고 성립되고 싶어한다.
본능적으로 그리고 구조적으로.

그렇다면 어떻게 만들어야 하는가?

이 질문에 대한 이번 탐구생활은 강압적 직교좌표계Rectangular Coodinates[5]와 3차원 좌표계 안에서의 정육면체 또는 Cube Puzzle로부터 시작된다.[6]

---

4) Giambattista Vico의 고대 로마 라틴어 고증이 있다 – 만든 것Factum 만이 진리Verum다.
5) 리만 기하학으로는 가지 않는다. 뇌용량 부하는 배제한다.
6) Cube Puzzle은 형태만들기를 위한 모티브 또는 틀거리로 사용된다.

정육면체 또는 Cube Puzzle

건축 입문자나 저학년에게 아마도 전세계의 **수많은** 건축학교나 디자인 스쿨에서는 제한적 규격 또는 규준을 제시하며 건축계획을 시작할 것으로 생각된다. 즉, 작은 단위의 입체 또는 공간규격: 예컨대 3x3x3, 또는 6x6x6(m^3) 등의 규준. 추정컨대 이러한 교과서적이면서 전형적인 시작에는 여러가지 이유가 있다. 우선 다루는 형태와 공간규모를 한정함으로써 동일한 기준으로 지도·평가할 수 있고, 학생 입장에서도 주변을 살펴 견주어 보며 탐구할 수도 있다.

또한 건축에 있어서의 축척Scale의 이해와 전달에도 유리하다. 그러나 실질적인 면에서는 입문자나 저학년에게 다뤄야 할 범위를 적게 제시함으로써 간단한 정도의 기본적(?) 입체와 몇 가지 최소의 건축어휘들 – 계단, 창, 바닥, 기둥, 벽 등 – 정도를 다루어서 그들을 겁먹지 않게 한다는 의도도 있을 것이다. 분명히.

그래서 대부분의 건축학과에서 마치 공통된 관례[7]처럼 공간규모로서의 정육면체 또는 Cube Puzzle과 같은 입체를 다룬다. Cube puzzle은 공간규모–정육면체와 매우 유사한 놀이입체이고(구하기도 쉽고) 공간·형태를 등분으로 나누고, 동시에 틀을 잡는 '입체공간계'로 쉽게 표현된다. 즉, 입체적 그리드Grid가 형성되어 있다.

박경덕, 2014-2nd

---

7) 관례로 다루면 이러한 교육과정은 경직된다. 그 관례적 인식을 흔들어야 한다.

Cube Puzzle과 3차원(x,y,z field) 또는 Cartesian coordinate

주로 건축 입문자와 저학년에게 행해졌던 이번 탐구는 두 가지 면의 희비가 있었다. 그 즐거운 면은 학생들이 그나마 선입견이 없는 상태라는 것이고, 다른 슬픈 면은 **아무 것도 모른다**는 점이다. 삼각자? 축척? 여기가 어디? 등등.
그래서 돌출되는 어렵고도 근본적인 문제는 가장 기초적인 요소나 개념조차도 쉽게 이해되도록 설명되고 습득되어야 한다는 것이다. 또한 그런 것들을 다루어야 한다. 지금 이 글의 성격도 그렇다. 매우 당연하고 쉬운 것도 정의에서부터 재확인해야 하고, 그것의 건축적 사용-의미도 정립해야 한다. 그것들의 오해와 오용까지도.

게다가 일상적으로 쓰는 쉬운 용어조차 재-인식해야 하는 바로 그 지점에 있는 것이다. 도대체 **3차원**이라니, 그것은 정확히 무엇을 말하는 것인가? 건축은 그 자체의 언어로서 입체 · 형태 · 모양 · 꼴[8]을 다루고 있고, 거기에 재료 · 색 · 구도 · 구성을 더하고, 거기에 공학적 구조와 셀 수 없는 다양한 연관 분야가 얽혀 있는. 머리 세 개 달린 불 뿜는 용과 같은 것이다. 하지만 불처럼 번지는 많은 영역을 다 끌 수는 없다-.
다시 기초적이고 기본적인 것을 들여다 보자.

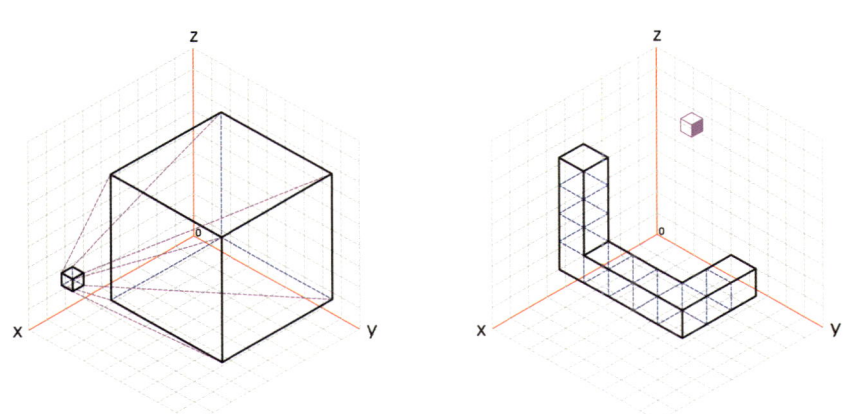

8) 부록 - 「형태, 형상, 입체 등의 이해-설정」에서 간략히 설명.

수학분야는 아니지만 건축학에서는 형태를 다뤄야 하니, 3차원에 대한 이해가 필요하다.[9] 형태를 언어로 하는 건축에서는 직관적으로 2차원부터 쉽게 이해된다. 직교 좌표계Rectangular / Cartesian coordinate system는 xy평면을 이루는 서로 **직교**하는 x축(수평 방향)과 y축(수직 방향)으로 정의한다.

그리고 x축과 y축이 만나는 점을 원점이라고 부른다. 이러한 2차원은 흔히들 땅과 비교하며 이해시킨다. 고대로부터 땅을 일구는 격자선Grid으로서 밭田이 나온 것은 주지의 사실이다. 즉, 인간의 직관적 인지에 매우 부합한다.

여기에 더하여 1차원은 x, y축 각각의 직선 좌표계[10]이다. 실수 하나하나를 점으로 하여 무한히 수직으로 뻗어 있는 직선이다. 기하학적으로는 직선이나 곡선을 말하며 보통은 기차길 등으로 비유된다.

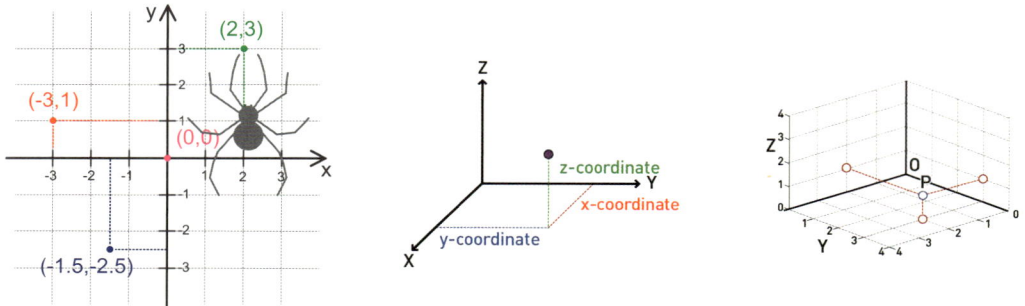

3차원 좌표계는 서로 **직교**하는 세 방향의 축(x, y, z)을 기준으로 하며, 각 2개의 축들이 이루는 2차원 면을 형성한다. 그리고 xy, xz 그리고 yz 평면으로 이루어지는데, 이 세 평면은 서로 **직교**하며 3차원 설정의 기준이 된다. x, y, z축이 만나는 점을 원점이라고 부른다. 이러한 3차원계는 이 세계 그 자체이다. (물리학에서는) 여기에 시간축을 더하여 4차원[11]이라고 한다.

---

9) 수학적으로야 독립된 엄밀한 정의가 있으나, 이 글에서는 이해와 인식을 목표로 한다.
10) 대표적 좌표계: 수직선, 직교 좌표계, 복소평면, 극좌표(원통/구면), 천구좌표계, 관성좌표계 등
11) 이 이상은 물리학 책들 예컨대 『시간의 역사』, 스티븐 호킹 등을 보시라.

이러한 2, 3차원 좌표계는 르네 데카르트 선생의 설정 또는 발명이다. 이 이후는 다 데카르트-좌표계Cartesian coordinate system인 것이다. 온 세상에 위치(좌표)와 축척을 부여한 것이다. 어떻게 한 개인이 이렇게까지 놀라운 인식을 할 수 있을까. 그리고 우리를 그렇게나 괴롭힌 n차 방정식의 토대를 제공하기도 했다-. 천재는 악마성이 분명히 있는 것이다. 이러한 공간-인식계 설정으로 입체(형태)를 다룰 수 있게 되었고, 그래서 사람들이 그토록 찬양해 마지않는 그 미학적 '공간'을 가능하게 한다.

다시 3차원으로 넘어와서, 이러한 공간계와 그 안의 입체[12](3차원 물체)의 실체 중 하나로서 Cube Puzzle을 한 손 위에 올려놓고 탐구한다. Cube Puzzle을 이렇게 써먹는다.

공간계의 비유

입체 구성상의 직교 규준orthogonal

측정과 축척의 규준 ⇒ 배수관계

심심풀이

이제 Cube Puzzle로 '그리드가 그려진 3차원 공간계 모형'의 연구 모형들이 슬슬 등장할 때가 되었다.

---

12) 입체立體: 〈수학〉 삼차원의 공간에서 여러 개의 평면이나 곡면으로 둘러싸인 부분. - 국어사전

형태 만들기 : Form Making

대상과 규칙

이제 학생들은 '그래서, 이제 내가 어떤 걸 해야 하지? (뭘 어쩌라구?)' 그리고, '무슨 도구를 사용해야 하나? (뭘 또 사라고?)' 정도의 상태이기 때문에, 그리고 앞선 긴~이유로 해서 **다룰 대상**이 필요하다. 이에 두 가지를 '제시'해 준다. 그 하나는 Cube Puzzle이요, 또 하나는 스스로 만드는 정육면체이다. 이제 드디어 만들 시간이다. 실체이기 때문에 두께가 있는 재료(스티로폼, 나무 등등)로 정육면체를 만들 때 비로서 학생들은 알게 된다.

이 간단한 것을 만드는 것에도 두께의 계산과 삼각자 등 직각체계의 필요성과 펜과 종이와 산수와 지우개와 축척이 필요하다는 것을. 그리고 긴 시간과 많은 투덜거림도.

두 개의 대상

- Cube Puzzle

- 정육면체와 그 변형

Cube Puzzle 모형 – 27개의 깍두기(작은 정육면체) – 을 스티로폼 덩어리로 만들고 이것을 기준·참고로 하여 면으로 입체를 만든다.

이 중 정육면체는 몇 가지의 변형으로 연습한다. 그리고 그 변형 정육면체는 후술할 각종 규칙도 같이 적용한다.

변형1은 (2차원상의) 오목형의 도형이 입체적으로 교차된 것이고 (입체 ㄹ)
변형2는 (3차원상의) 마주보는 두 모서리가 비워져서 겹친 것이다. (입체 ㅁ)

Axonometric Sketch & 면 검증 '입체 ㄹ'

Axonometric drawing '입체 ㄹ'

Axonometric Drawing 2016-1st 유한별, 2013-2nd 박현지 Model 2016-2nd 여희선, 이다슬

Axonometric Sketch & 면 검증 '입체 ㅁ'

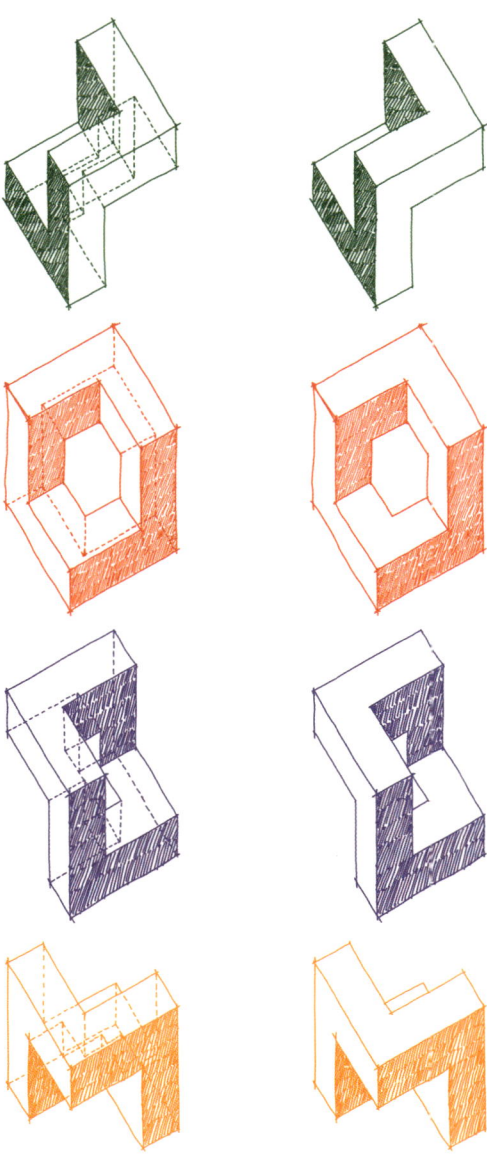

Axonometric drawing & Model '입체 ㅁ'

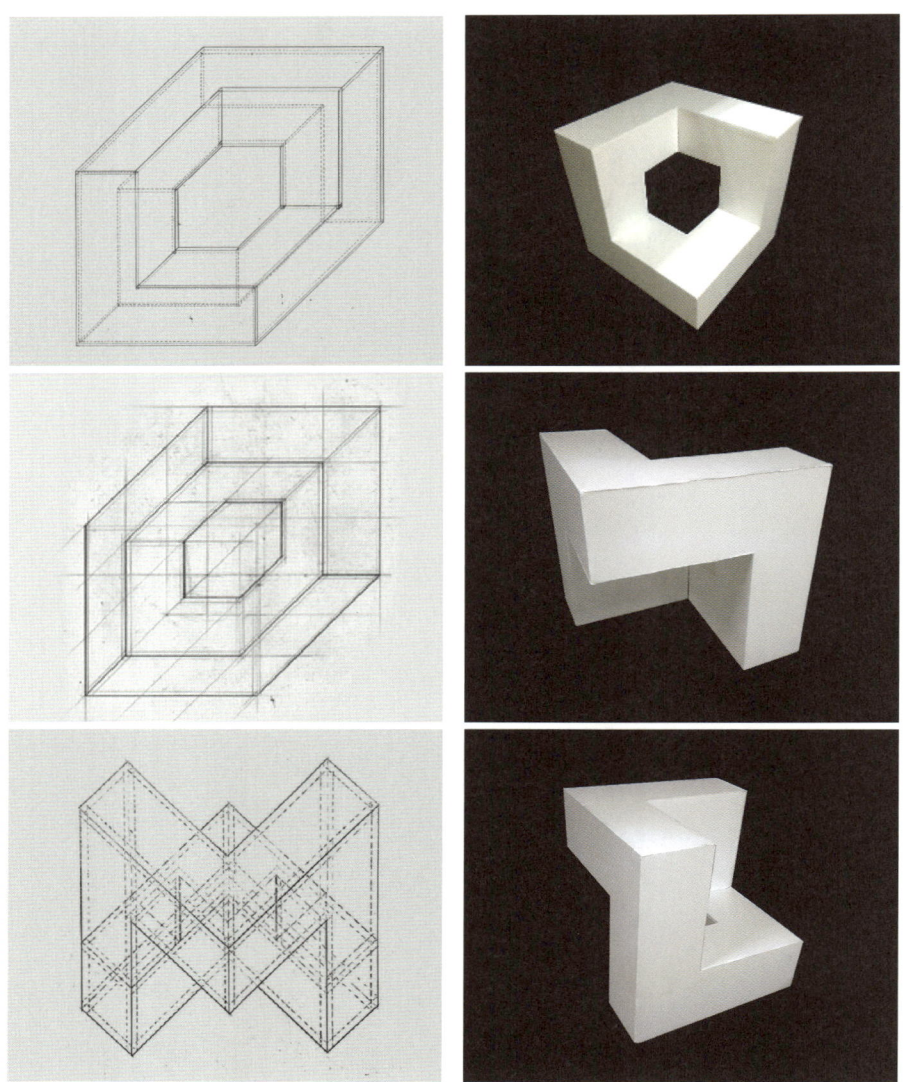

Axonometic Drawing 2015-1st 김도희, 2016-1nd 이수미, 선우정음 Model 2016-2nd 여희선, 이다슬

입체 ㄹ, ㅁ (변형 1, 2)에 대하여 만들고 그리면서 읽혀져야 하는 것들

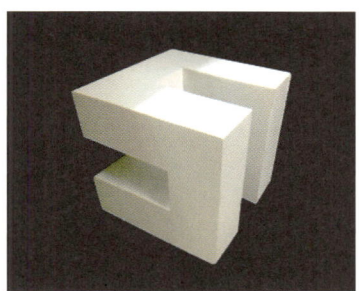

- 3차원 직교좌표계

- 정밀한 측정 / 축척의 단위

- 정밀한 모형작업

- 면으로 만든 입체 내부의 모서리 변 (점선 표현)

- 비워진 공간과 채워진 물체

- 비워진 공간의 교차

- **도법Axonometric의 이해와 작도**: Isometric과의 차이 이해, 등각투상도 등

- **도법의 검증**: 2차원 도면의 면과 변마다 색을 칠해가며 검증

- 면으로 만드는 입체
  (두께가 있는 실체로서의 면재료)
  Ex) 정육면체 한 면의 총 길이 100
  　　[이상적] 100 = 10(면재료의 두께)x2
  　　　　　　　　+ 80(재료 두께를 뺀 길이)
  　　[실　제] 100 ≒ 10.5(면재료의 두께)
  　　　　　　　　+ 0.5(접착제) + 79.8 + 0.7(접착제)
  　　　　　　　　+ 8.5(면재료의 두께)

도법습득과 기준선으로서의 Axonometric drawing

기준과 규칙들: 형태의 추출 및 구성에 있어서

기준들

기준 1. (왼손에 Cube Puzzle을 보며) x, y, z 각 축에 따라(양의 방향으로) 직교좌표계 내에 3개 축 방향의 덩어리, 3x3x3 입체. 즉, Cube Puzzle.
기준 2. 3x3x3 입체를 이루는 1개의 덩어리는 1'깍두기'.
기준 3. 깍두기는 채워진 덩어리 단위이기도 하고 비워진 공간 단위이기도 함.
기준 4. 같은 성격의 깍두기는 같은 칼라 또는 재질로 설정할 수 있음.
기준 5. 설정 전까지는 x, y, z 어느 축 방향으로도 중력[13]은 없음.
기준 6. 축척은 프로그램과 연관하여 설정한다.

규칙들

규칙 1. 뱀처럼 잇는다.
(3차원 직교좌표계 내에서) 뱀처럼 연이어서 선형으로 깍두기들을 잇되 **직각, 직교 방향**으로 꺾는다.
예컨대 ㄱ, ㄴ, ㄷ, ㄹ, ㅁ[14] 등으로.

규칙 2. 1/3 규칙 또는 규칙 – 그리드
하나의 깍두기 또는 연이은 깍두기들의 두께(폭/높이)는 1/3 또는 1/3의 배수로 조정한다.
단, 꺽이는 모서리 부분이 보존되도록 한다.
⇒ 1/3 들 간의 조립시 모서리 부분이 연속되도록 한다.

규칙 3. 입체적인 대칭의 형태로 형태를 추출한다.

규칙 4. 유사, 연상되는(~무엇처럼 보이는) 형태로 형태를 추출한다.

---

[13] 심지어 의식 속에서도 중력이 있다.
[14] 한글은 매우 기하-형태적이다.

규칙 5. 모든 추출된 형태를 뱀처럼(규칙 1), 그리고 1/3 규칙(규칙 2)으로 조정 정리.

왜 1/3인가? 3의 배수관계는 건축에서 관습적으로 그리고 실제적으로 많이 쓰이는 비례관계이다. 당연히 1/3도 그러하고, 이 큐브 퍼즐은 3x3x3으로 이루어져 있다. 그리고 비례를 연습할 수 있다.(규칙 2)

마음 속의 토끼든 호랑이든 무엇이든 형태로 표출할 수 있으면 어떻게든 직교체계 내에서 해 본다.(규칙 4)

그러나 이 규칙-형태 만들기 단계는 오로지 직각과 직교orthogonal의 세계이다.
원이든 삼각형이든 대각선이든 이 단계에선 배제된다. 때문에 토끼는 직각-토끼이고 호랑이는 직각-호랑이만 가능하다.

이래도 되고 저래도 되는 건 안 된다. 규칙을 지켜가며 선택을 좁혀서 나아간다.
오직 **직각**뿐!

할 喝!

기준들 - 설명 그림

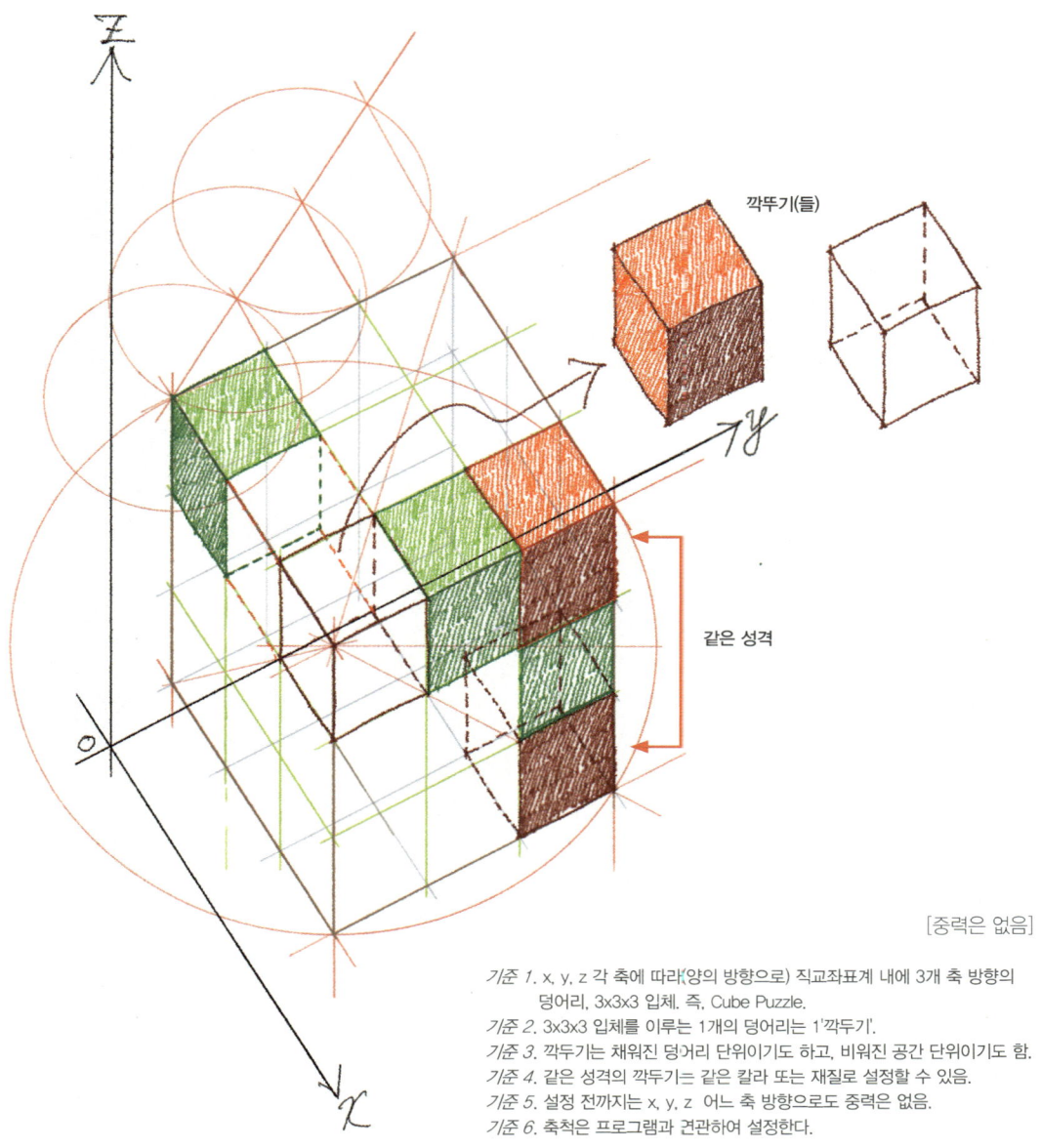

[중력은 없음]

기준 1. x, y, z 각 축에 따라(양의 방향으로) 직교좌표계 내에 3개 축 방향의 덩어리, 3x3x3 입체. 즉, Cube Puzzle.
기준 2. 3x3x3 입체를 이루는 1개의 덩어리는 1'깍두기'.
기준 3. 깍두기는 채워진 덩어리 단위이기도 하고, 비워진 공간 단위이기도 함.
기준 4. 같은 성격의 깍두기는 같은 칼라 또는 재질로 설정할 수 있음.
기준 5. 설정 전까지는 x, y, z 어느 축 방향으로도 중력은 없음.
기준 6. 축척은 프로그램과 연관하여 설정한다.

기준들 – 설명 그림 'ㄱ & ㄴ' 형태

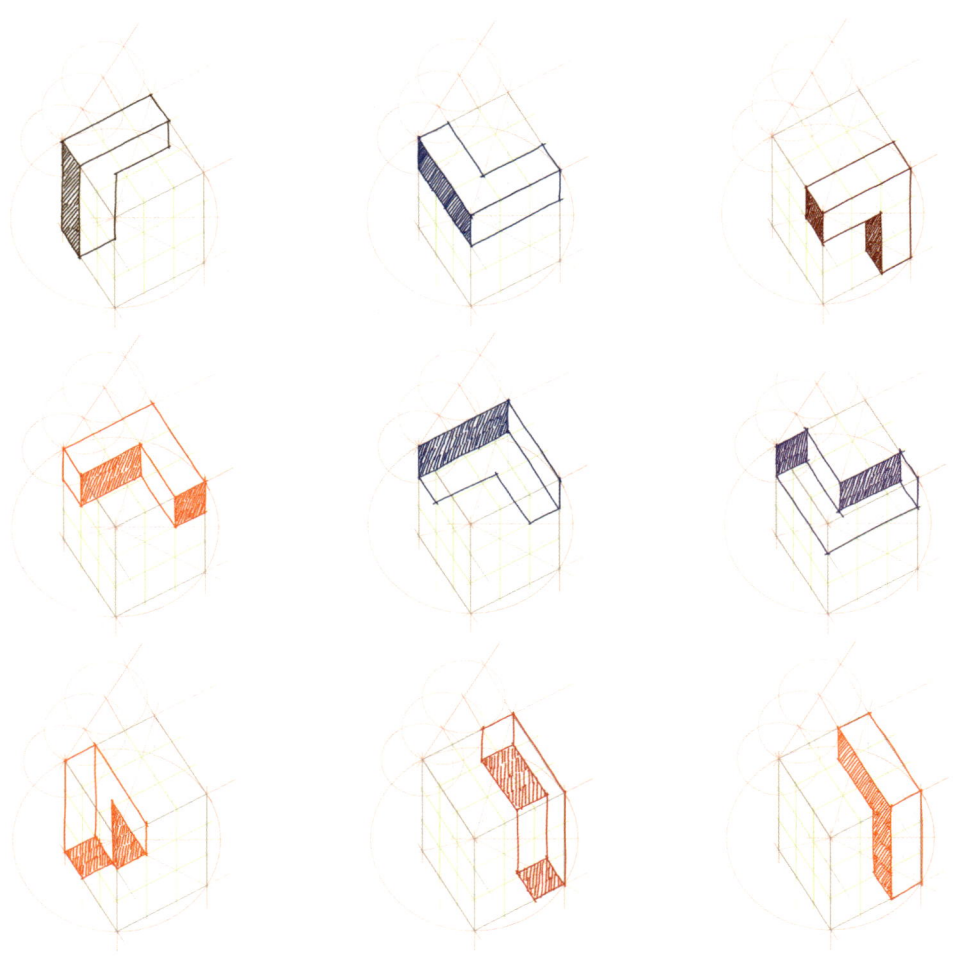

2차원 도면에서 표현 가능한 3차원 'ㄱ&ㄴ'형태의 모든 표현 가능

규칙 1. 뱀처럼 잇는다.
규칙 2. 1/3 규칙 또는 규칙-그리드
규칙 3. 입체적인 대칭의 형태로 형태를 추출한다.
규칙 4. 유사・연상되는(~무엇처럼 보이는) 형태로 형태를 추출한다.
규칙 5. 모든 추출된 형태를 뱀처럼(규칙 1), 그리고 1/3 규칙(규칙 2)으로 조정 정리

'ㄱ의 1/3 규칙 적용 & ㄷ & ㄹ' 형태

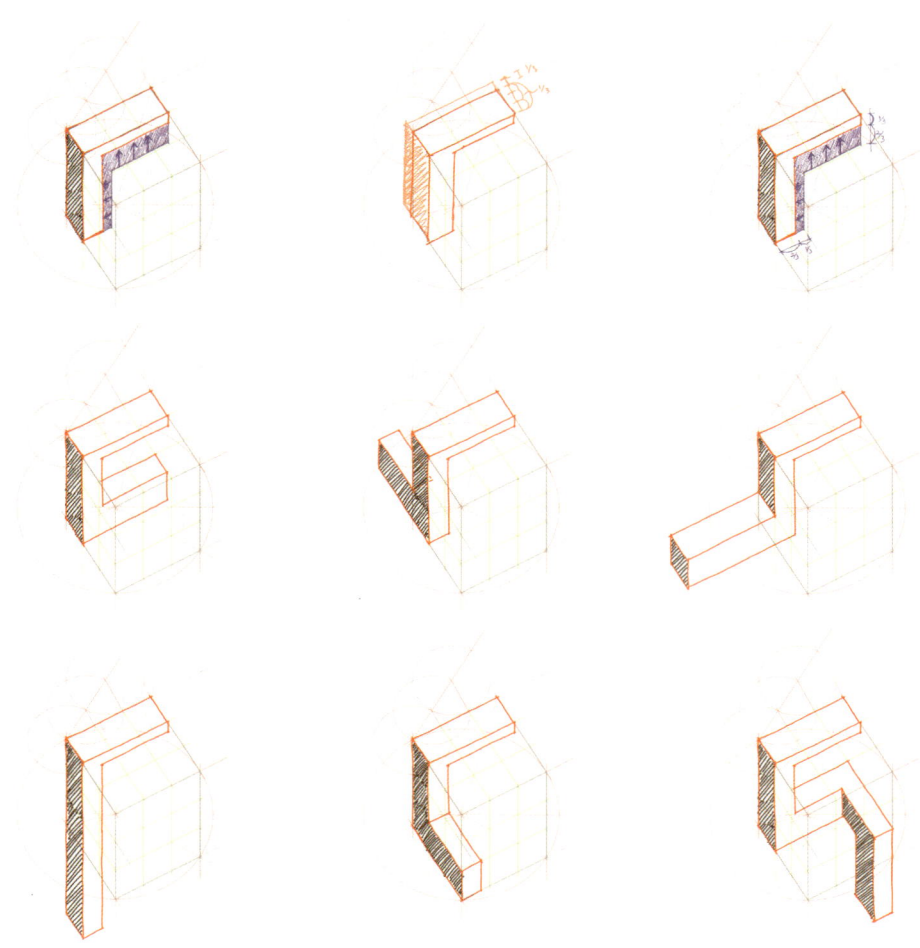

ㄷ 형태의 두 번째 절곡부터는 5개의 방향성이 가능하다.

규칙/ 1. 뱀처럼 잇는다.
규칙/ 2. 1/3 규칙 또는 규칙-그리드
규칙/ 3. 입체적인 대칭의 형태로 형태를 추출한다.
규칙/ 4. 유사 · 연상되는(~무엇처럼 보이는) 형태로 형태를 추출한다.
규칙/ 5. 모든 추출된 형태를 뱀처럼(규칙 1), 그리고 1/3 규칙(규칙 2)으로 조정 정리

규칙 1, 2 표현 사례

노지혜, 2012-2nd

규칙 1에서 파생된 엉킨 뱀들

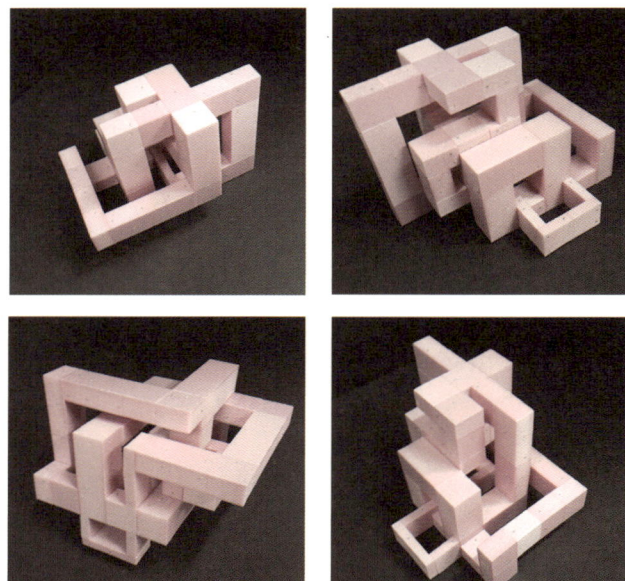

지재환 2015-2nd

규칙에 따라 만든 형태들의 조립 사례

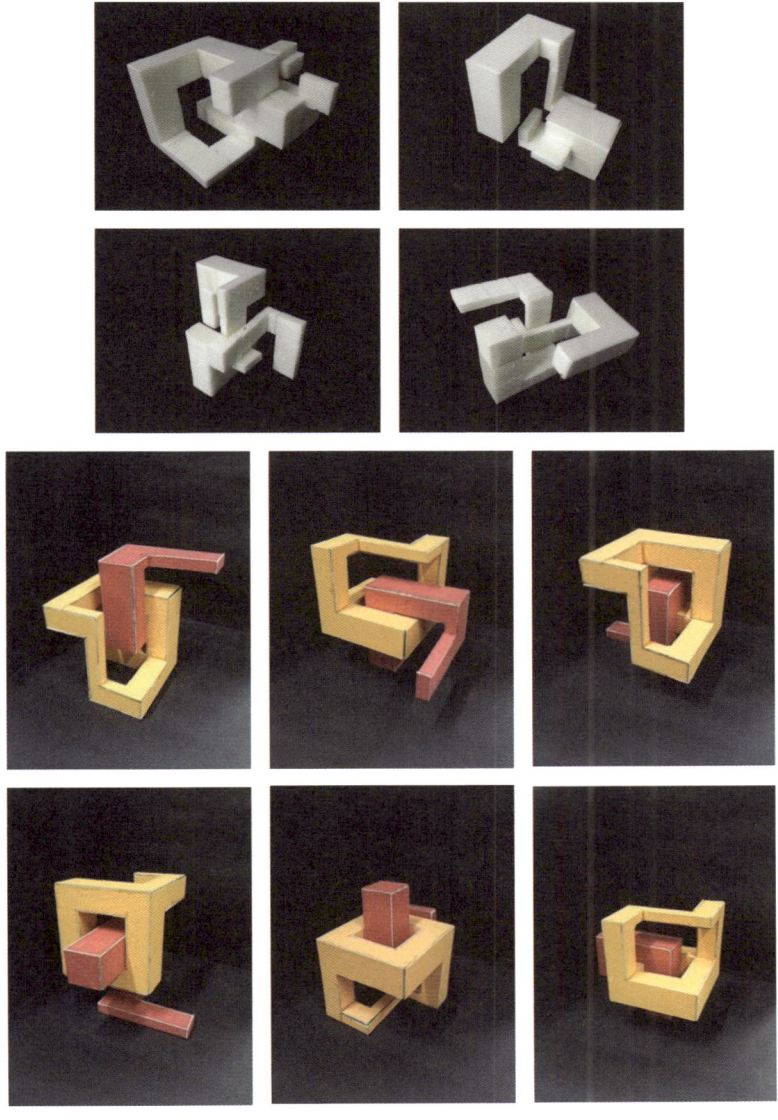

노지혜, 2012-2nd

규칙 1,2,3,4 예시

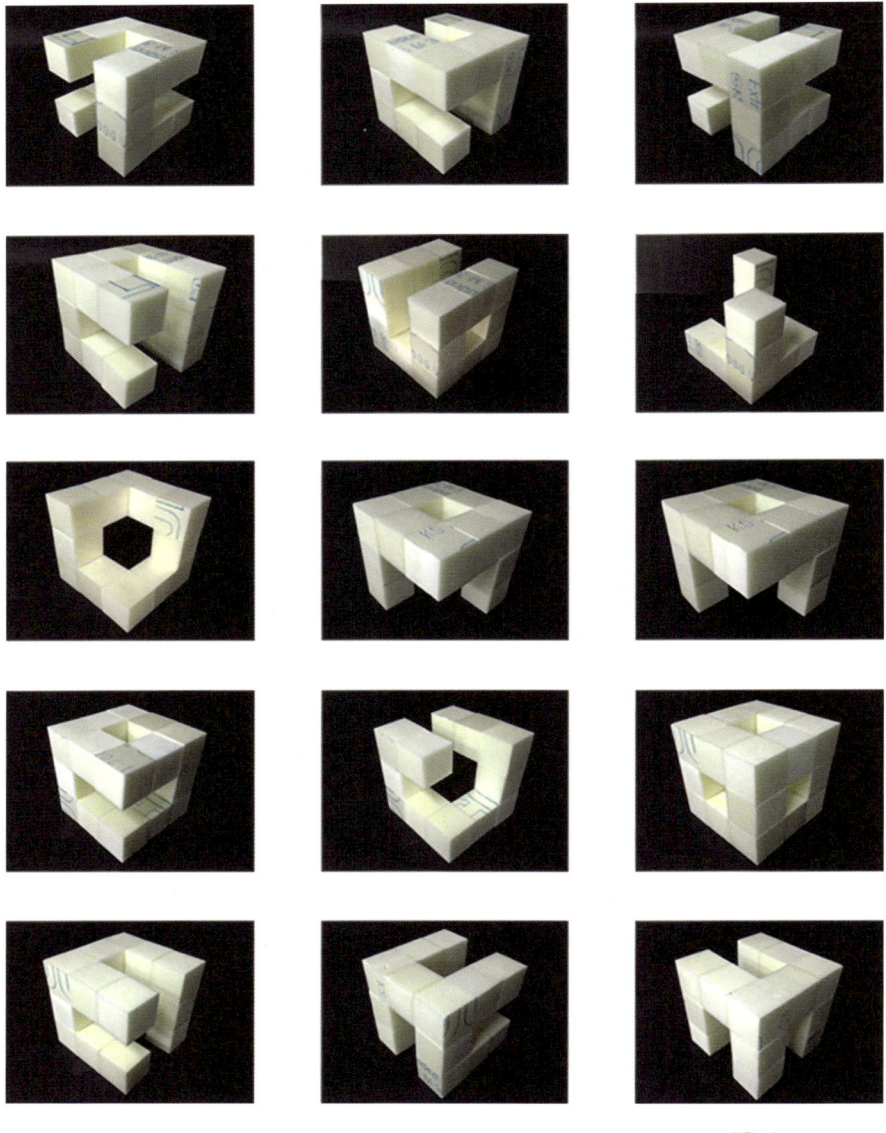

김윤지, 2012-2nd

규칙 1,2,3,4 예시

박찬희, 2012-2nd

형태를 만들면서

앞의 규칙들을 적용해 가면서 여러 모양의 형태들을 **추출**한다. 이 과정의 주요 목적 중 하나는 '많은 형태'를 만드는 것이다. 다양하고 간단하며 많은 형태들. 그리고 이 과정은 사실은 형태 만들기의 어려움을 도와주기 위해서이기도 하다. 누구나 미켈란젤로처럼 돌 속에 있는 조각을 투시해낼 수는 없다.(그럴 수 있는 학생을 못 알아본 것일 수도 있다. 그래서 혹시나 해서 규칙 4를 넣었다. 조금 반칙이지만) 뭐랄까… 직교-입체적 가래떡 만들기랄까?
이 방앗간에서는 쌀을 집어넣으면 실린더 또는 뱀처럼 생긴(연속된 형태 원칙의) 떡이 나온다.
규칙이 오히려 **'형태를 만드는 기계'** 같은 역할을 하길 바랐다.

과정은 규칙 1, 2, 3, 4를 통해 **'잔뜩'** 만들고, 규칙 5를 통해 조절한다.
특히나 뱀의 규칙에 맞지 않는 형태들이 튀어나오면 그것을 뱀처럼 가래떡처럼 형태를 조정한다.

그렇다면 '잔뜩'은 얼만큼일까?..최소...한....이 만큼?

이야기 또는 프로그램 만들기 : Story or Program Making

이야기, 시나리오, 프로그램

이렇게 형태들(실제로는 각종 깍두기들)을 잔뜩 만들면서 형태와 함께 건축의 또 다른 **실체**라고 할 수 있는 '이야기(프로그램)'에 대하여 병행 탐구한다.

건축을 구성하는 주된 요소를 크게 보면 물리적인 '형태'와 내용적인' 이야기'라고 할 수 있다. 그러나 그 두 요소는 분리되어 있는 것은 아니며 오히려 엮여 있다고 할 수 있다. 이야기에 따라 형태 자체가 구성되며, 형태가 이야기를 만든다.

형태 자체에 이야기를 쓰는 것은 오랜 기간, 그리고 지금도 건축에서 일어나고 있는 건축행위다. (건축)양식과 장식은 그 대표적인 드러남이다. 역사적·사회적으로 의미와 상징이 형태와 구성(배치)에 기술되어 드러난 것이 양식과 장식이라 하겠다.

현대건축이 걷어낸 (기존의) '양식과 장식'은 '죄악'[15]이라기보다는 사실 '고정된 특정한 방식으로만 이야기를 써야하는 구속'에 가깝다. 때문에 장식의 제거 이후에 이야기의 드러남은 양식과 장식에 제약 받지 않는 **자유도**를 획득했다.

역사적으로 이러한 이야기의 드러남은 어떤 이야기나 그것이 뜻하는 바가 '의미'[16]가 되고 여러가지 표현의 표식이 되어 건축—구성을 주재하는 원리가 되는 것으로 전개되었다. 상형적 표현이 주된 이집트 건축물이, 비트루비우스적 고전건축이, 중세의 십자형 성당이, 다양한 공포栱包의 사원과 정자들이, 수많은 왕궁과 수도가 이러하다. 이런 면에서, **건축에 있어서 이야기의 구체화는 단지 '의미'로 그치지 않고 물物 그 자체가 되는 것**이었다.[17]

---

15) 『장식과 죄악 Ornament and Crime』, 아돌프 로스 Adolf Loos
16) 여기서의 '의미'와 자의적으로 뜻을 부여하는 의미론과는 섬세히 구별해야 한다. 특히나 이 사회의 문화적 유전자에 베어 있는 듯한 지나친 '낭만적 의미론'은 의식적으로 배제해야 하는 것이다. 낭만적 의미론의 의미—작동은 여기서의 '의미'에 엉뚱하게 작동한다.
17) 비트루비우스Vitruvius는 코린트 양식Corinthian order의 생성에 대한 이야기를 전한다. 그것은 코린트 소녀를 기리기 위한 바구니와 그 밑에서 자라던 아칸서스 나무를 보고, 조각가 칼리마쿠스가 코린트 양식을 창안하였다는 것이다. 이 전설은 **이야기 그 자체가 아예 형태가 되는** 사례를 보여준다.

이야기 뿐만 아니라 예컨데 음악을 대상으로 소재로 하여 건축 및 입체의 구체화도 가능하다고 보는 견해도 있다. 건축을 '응결된 음악'으로 표현하기도 한다. 그러나 여기서는 음악도 넓은 의미로서 하나의 '이야기'라고 본다. 그러나 지금은(무엇이든 가능한 21c) 양식이나 의미에 발목 잡힐 필요가 없이 이야기를 구가할 수 있다.[18] 즉, 이야기가 특정방식으로만 구현될 필요 없이, 구체화의 가능성을 넓게 탐구할 수 있는 시대인 것이다.

표현방식이 한정되어 있는 양식의 감옥(제약?)이 아닌, 광야에 나온 듯한 '가능성'의 지평선이 열려 있다. 동시에 그것은 '경계와 끝을 알 수 없다'는 어지러움도 동반한다.[19]

그러나 건축 입문자들을 대상으로 하는 본 과정(일종의 교육과정 프로그램)에서는 '간단하고 즐거운 / 재미있는 이야기 만들기'를 목표로 한다. 따라서 '주어진 프로그램'의 해결이 아닌, 이야기(프로그램) 만들기를 시행한다.

이러한 건축에 있어서의 이야기를 최근에는 프로그램이라 말한다.

그렇다면 프로그램Program이란 뭔가? 그리고 왜 이것이 들어와야 하는가? 이것은 자칫(?) 다른 주제와 연결될 수가 있다. '무엇에 쓰는 물건인고?'라는 질문으로도 읽힐 수 있기 때문이다. 즉, 사물의 용도.

---

18) 솔직하게는 다른 것들에 발목잡힌다.
19) 양식의 감옥: 물론 갖추어야할 제약조건(전통과 양식 등의 갑옷)이 없다는 것은 또 다른 엄혹하고 정글같은 모더니즘-자본주의 윤리를 마주하게 되는 것이지만.

우선, 프로그램

어원적 이해로는
Pro(before) + **gram**(write)[20]
이며, 그것의 의미적 변천과정은 다음과 같다.

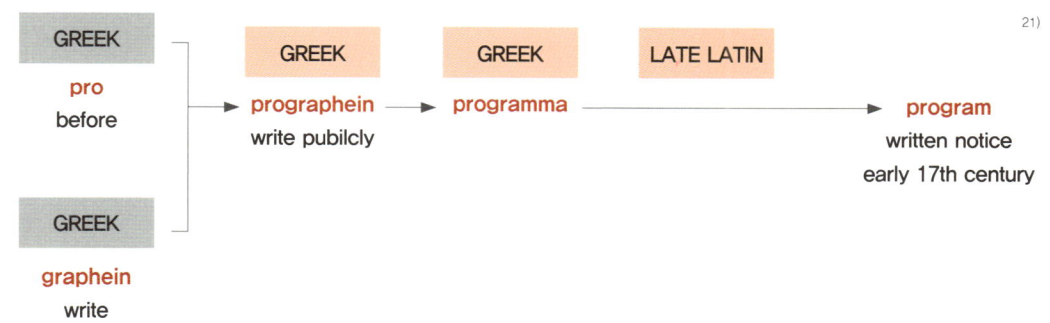

어원적으로는 '**미리 쓰여진**', '**공개 서면**', '**서면통지**' 등의 의미적 흐름으로서 미리 생각하여 예정되어 쓰여진 공개적인 문서라는 의미로 사용해 왔다. 미리 계획되는 과정이 있는 것이다.

건축 프로그램: 기계적 계산, 작동하는 기계, '순차적 작동'의 차용

현대의 프로그램이라는 과정은 찰스 베비지Charles Babbage의 '기계-계산기학'에서 먼저 제시되었다. 미리 짜여진(계획된) 작동방식에 의한 수학 로그 값 계산 문제풀이 기계[22]를 꿈꿨는데 실물로는 그 일부가 20c가 되어서야 그 한 종류가 만들어졌다. 여기에서 중요한 것은 기계를 작동하게 하는 프로그램 개념-미리 짜여진(계획된) 과정의 순차적 운영 · 작동-이 도입되었다는 것이다.

---

20) Pro-gram의 어원적 이해를 깊게 들어가면 (가능성/약속)의 미래가 포함된 씨앗라는 깊은 통찰이 있다. 이 수준의 통찰과 공부는 Thomas Han 선생에게 위탁(?)한다.
21) etymology reference- In Google
22) 차분기관/해석기관

그렇다면 프로그램이란 문제(인식) 해결에 대한 순차적 과정flow chart에 대한 지칭이라고 할 수 있다. 컴퓨팅[23]에서 주로 쓰던 이 '프로그램'은 여러 분야에서 [1. 순차적 또는 계획된 과정이 있는 일련의 운영 · 작동 단계]를 지칭하는 말로 쓰인다. 또는 [2. 미리 준비된 몇 가지 내용의 구성과 운영]을 이르기도 한다. 예컨대 사회복지 프로그램, 방송 프로그램, 음악 공연 프로그램 등.

건축(설계)에서는 여러 요소들을 다뤄야 하고 그것은 유 · 무형의 여러 가지가 있다. 형태(또는 물체), 용도, 동선, 기능 등등. 그것들에 대하여 생각하고 계획하는 것 전체를 설계planning라고 할 수 있고, 이 여러 요소들을 [순차적 또는 계획된 과정이 있는 일련의 운영 · 작동]하게 하는 것을 건축 설계상의 Program이라 할 수 있다.[24]

그렇기 때문에 현재적 의미에서는 몇 가지 전제조건 하에서 루이스 설리번Louis H. Sullivan 선생의 그 유명한 문구는 대치된다.

Form ever follows function[25]
⇒ Form ever follows **program**

이것이 성립되는 전제조건은 다음과 같다.
　　　　프로그램이 건축계획에 있어서 매우 주도적일 때
　　　　맥락상 기능function의 의미 · 범주가 현재의 program과 비등할 때

건축분야에서 이러한 일련의 과정을 지칭하는 '프로그램'이란 용어를 '순차적 작동'으로 차용하여 널리 쓰일 수 있는 것에는 모던건축의 '작동하는 기계working machine'[26]라는 관점이 배경에 있다. 어떤 면에서 건축(물)이 작동work한다는 것이 프로그램이 구현되는 것 또는 프로그램 그 자체일 수 있다.

---

23) 흥미로운 사실은 컴퓨터 분야에서도 computer architecture, software architecture, micro architecture 등 다양하게 architecture란 용어가 쓰이는데, 주로 핵심 운영구조 또는 운영체계를 지칭한다. 이 사실에서 여러 타 분야에서 '건축'분야를 보는 관점을 알 수 있다. 종합적이며 조정자이면서 전체를 운영하는 역할. 그러나, '건축'은 현재 여러모로 분해되고 있다고도 할 수 있다.
24) 일본건축학회는 이 '프로그램'에 관하여 '명쾌하게 정의하는 것은 어렵다'면서도 흥미로운 기술을 하고 있다. '설계자에 따라서 기능의 여백에 개입된 장치 혹은 사적인 방법적 시나리오와 같은 것', '요소 사이에 존재하는 관계에 대한 배치도와 같은 것'. 『건축설계자료집성—종합편』
25) 'Form ever follows function', Louis Henry Sullivan
26) '집이란 살기위한 기계 A house is a machine for living in.' - 『Towards a New Architecture』, Le Corbusier

이러한 건축의 여러 구성요소-형태 · 용도 · 동선 · 기능 · 의도-의 작동 · 작용 또는 처리 · 운영하는 전체과정을 지칭하는 말이 '프로그램'으로 자리잡았다. 게다가 그 구성요소들과 사용환경은 항상恒常되지 않고 변하며, 그에 따라 변형된 프로그램이 등장한다.[27]

프로그램의 순차성 보론

프로그램이 건축에 들어오는 앞서의 형성과정 또는 차용과정에서 자연스럽게 '순차적'(순서적, 시간적)인 특징이 드러난다. 그것은 '계획적'인 건축설계의 특징에서 오는데, 미래에 (또는 다른 평행우주에서나 일어날) 생겨날 일에 대한 계획이므로 그 전개와 경험을 순차적 상황으로 상정한다.

그러나 계획상 순차적이어도, 그 전개와 경험은 순차적이지 아닐 수 있다. 맡하자면 실제의 건축경험에서는 다를 수 있다 예컨대 어떠한 건축공간/경험은 단박에 읽혀질 수도 있고 제시된 순서를 따르지 않고 경험/체험될 수도 있으며 심지어 선험적으로 체험될 수도 있다.

게다가 순차적 이해나 경험은 개개인의 건축경험으로만 이해될 수 있다. 이는 보편적 경험이 아닌 한정적이거나 편협할 수 있다.

따라서 여기 쓰인 순차적이라는 것이 전체적인 이야기(들) 방향이 일차원적 순서임을 말하는 것이 아니다. 오히려 이야기와 이야기의 관계가 연결 또는 연계되어 있다는 것이며, 그래서 전체적인 '이야기'들의 연결은 입체적이다. 마치 DNA 구조처럼 하나 하나의 개체들은 (순차적으로) 1~2점의 연결점만 있지만; 그 전체적 연결은 매우 입체-구성적인 것이다.

다만. 여기서는 프로그램이라는 '생각'이 구조화되면서 순차적 특징이 드러난다는 점을 기술한 것이다.

---

[27] 이 프로그램은 고정 · 고형되지 않는 것일 수 있다. 그래서 그 변함의 속성을 추종하거나, 동시대적이고 세련된 가치로 인식하기도 한다. 그러나 오래 지속되는 것, 변함없는 것이라는 속성이 사람들에게 인식되는 건축의 대표적 특성이다. 그리고 또 다른 의미의 프로그램은 '건축 진행과정 building process'으로서 건축설계의 최초 기획단계에서부터 완공과 관리까지의 각종 단계적(순차적) 진행 계획이기도 하다. 건축주와 최초의 만남부터 각종 단계적 설계 계획단계(CD-BD-SD-TD) 및 각종 선택과 결정의 합리적 피드백, 건축주의 사용상의 특성(조직, 개인)의 계획반영, 특징 · 조닝 · 용도 · 행동 · 유형 · 동선 등이 반영된 계획적 전개, 공사단계의 관리와 운영, 여러가지 VE(Value engineering) 및 비용절감 기술, 최근에는 건축물 운영관리까지의 촘촘하고 순차적인 전 과정을 지칭한다. 이러한 프로그램 방법론은 사회학과 심리학 연구결과까지 반영될 수 있어 참으로 권장할 만하고 바람직하지만, 많은 부분이 실현되지 못한다. 이유는 이러한 합리적 프로그램의 가치와 효용을 낮게 보기 때문이며(또는, 원하는 바가 다르기 때문이기도 하며) 그리고, 무엇보다도 항상! 돈과 시간이 관계되기 때문이다.

그리고 용도use

프로그램에 대하여 이야기할 때면 대부분은 그 건축물의 용도用途를 말하는 경우가 많다. 적정한 쓰임은 아니지만 대부분 대치되어 쓰인다.

프로그램을 묻거나 이야기할 때, 사실 주로 '용도'를 묻는 것이다.

사물의 용도는 사물의 쓰임새를 말한다. 건축(물)에서의 용도는 그 **전체적인** 필요와 사용, 쓰이는 바를 이른다. 건축은 그 안에 구성요소로서 여러 **기능**과 움직임(동선)과 각종 사물을 포함하고 있다. 때문에 건축의 용도는 그 여러 요소들의 전체적 지칭이라고도 할 수 있는데, 예를 들어 전시관이 있다면 그 안에 수평이동과 층간 이동을 위한(기능) 복도, 계단 등이 있겠고 각종 가구들이 있으며 관리실, 화장실 등이 있으나 전체적으로는 전시관의 용도를 가지는 것이다. 경기장이든 병원이든 집이든 마찬가지다. 그리고 건축(내, 외부)에서 그 많은 요소들의 **작동**을 프로그램이라 할 것이다.

따라서 건축학에서 '저 건축물의 프로그램이 뭔가?' 라고 하면, 용도와 프로그램을 같이 묻고 있는 것이다. **쓰임과 작동**을 다 묻는 것이다.

또한 단일 용도라 해도 실은 여러 용도이거나 복합적인 경우가 많다. 그리고, 장소의 용도(위치적 용도)[28]와 사회적 필요 용도(아이콘)[29] 그리고 개인 인지의 감성적 · 감각적 용도까지 있다.

---

28) 상업지역, 업무지역, 주거지역 등의 장소가 도시적 용도를 겸하고(반영하고) 있는 경우와 심상적, 심리적 위치를 가지는 경우 등 장소나 위치가 용도와 여러 방법으로 관계된다.
29) 사회적 의미로서의 건축(물)들은 집합적, 분류적 의미로 또는 지표적, 상징(적)으로 다양하게 쓰인다.

건축물의 프로그램과 용도에 대한 이해는 다음과 같이 예를 들어볼 수 있다.
예컨대 A전시관과 B전시관이 있다고 할 때,

    A, B 전시관은 같은 '용도'이다. 전시관 – 용도는 공통된다.
    그러나, 당연히 'A 전시관 프로그램' ≠ 'B 전시관 프로그램' 이다.
    여기서 **프로그램의 1번 의미 – 순차적 또는 계획된 과정이 있는 일련의 운영·작동 단계** – 가 다르다.
    용도는 같아도 그 전시관이라는 건축 구성의 운영·작동이 다른 것이다.
    큰 공간과 복도들의 연결 구성, 작은 실들, 전시 순환동선의 구조 등이 다를 것이다.
    각각이 '전시'라는 건축 계획 프로그램이 있을 것이다.

또한, 두 전시관은 각각의 '전시·공연 프로그램'을 가진다.

'전시·공연 프로그램'으로서 예컨대, C작가의 그림과 D작가의 음악이 각각 전시되고 연주될 수 있다. 즉, **프로그램의 2번 의미 – 미리 준비된 몇 가지 내용의 구성과 운영** – 이 각각 있을 것이다.

건축물의 용도는 근대 이후에 많아지고 복잡해져 왔다. 그와 병행하여 프로그램도 복잡해져 간다. 그러한 많은 용도와 프로그램들의 조정, 배치가 건축계획planning이라고 볼 수 있다. 건축계획은 중요도와 위계를 설정 조정하고, 대응 건축요소들을 배치 계획하고, 용도와 프로그램의 적용 당위성을 위하여 각종 기법이 동원된다. 기존 데이터를 활용하는 방법, 사회학적 요구의 크기를 객관화하여 반영하는 방법, 요구대로 반영하는 방법, 비용의 최소화를 목표로 하는 방법 등.

그러나 역설적으로 어떤 해결책은 무특징적인 균질한 공간으로 등장한다. 그 이유들에는 극히 자본주의적으로 합리적인 이유(팔 수 없는 공간은 최소한으로!–극소의 공용공간 등) 또는 굉장한 의미론적 이유(공동, 공용, 다양성, 공유, 익명, 일상 등등등...)들이 있다. '비움이나 채움'의 광장에서 내가 어쩔줄 몰라하는 이유다. '하늘정원'이라든가 '빛의 그늘'이라든가 '침묵의 중정' 같은 곳에서.

경험과 프로그램 – 객화, 대상화

프로그램의 구상과 체험을 위해선 각 개인의 경험을 객화客化[30]하여 다루는 것이 필요하다. 왜 그런가?
교육과정에서의 프로그램 만들기·찾기 과정의 실체와 목적은 '경험과 체험'이다.[31] 건축교육의 과정으로서 프로그램(용도와 작동) 자체의 생성이 필요하기 때문이며, 사람의 행위와 경험을 대상화하여 다루는 것은 건축(프로그램)과 인문학의 주요 부분이기 때문이다.

또한 경험은 프로그램, 즉 이야기의 소재가 된다. 그래서 다시 한 번 산뜻하게 백지상태의 학생들과 다음과 같은 과정을 진행한다.

이러한 경험들을 통하여 '간단한 이야기 story' 또는 '시나리오 scenario'를 만든다.

경험하기 + 경험의 객화, 대상화

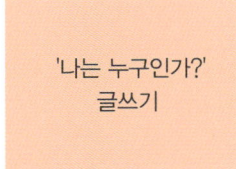
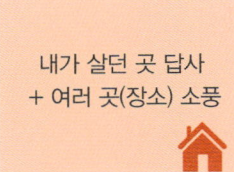

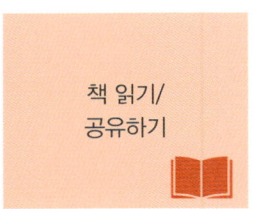

---

30) 객화: 객관화, 대상화하여 요소로 쓸 수 있는 상태를 말한다.
31) 경험(과 체험)은 중복적으로 또는 다중적으로 쓸 수 밖에 없다. 과거의 경험, 인식의 경험, 현재의 경험, 여러 종류의 시간과 장소의 체험 등등. 여기서의 경험은 단순히 '누군가에게 일어났던 과거의 사건 또는 체험'에 국한되지 않는다.

경험하기 과정 – 글쓰기, 답사하기, 영화보기, 책읽기

글쓰기: '내'가 '나는 누구인가'라는 글을 쓴다는 것은 자서전이 아닌 다음에야 당연히 이상한 일이다. 나를 **대상화**한다는 것 자체가 말이다. 하지만 그것이 목표다. 반응은 다양하다. 성장과정을 적어오기도 하고, 어느 수련회나 MT의 집단 촛불행사(이런 걸 뭐라 지칭해야 할지 모르겠다) 후의 롤링 페이퍼처럼 쓴다거나 또는 처음 해본 '거울보기'에 매우 당황하거나 무관심(?)하거나 하여간 다양하다.

무엇을 어떻게 써오든지 가치판단하지 않는다. 그리고 당연히 밝히고 싶지 않은 개인의 사적인 부분은 쓰지 않는 것으로 한다. 다만, 여기서 볼 것은 이야기 소재거리가 있는지 또는 '나'라는 에고ego를 최대한 덜어내고 대상화시켜보는 관점이 있는지이다. 이 에고에 대한 이야기가 있다. 누구든 자기 이름을 쓸 때면 미세한 떨림이 있다고.

학생 개개인의 특징과 취향이 드러나고 무엇을 경험했는지, 그 경험의 질감은 어떠한지가 서투르지만 문장으로 드러난다. 여기서 '재미나고 번짐새 있는' 이야기 소재거리를 뒤적거려 본다.

답사하기: 동시에 장소를 공유하고 답사를 진행한다. '건물'만이 아닌 장소 전체를 체험해 보고자 노력해 본다. 여기에 더해서 자기가 '살던 곳'(또는 외할머니 댁이라든가)을 답사에 포함시킨다. 자신의 기억이 투영된 장소를 객관화시켜 보는 것은 꽤나 독특한 경험이다. 물론 이야기 소재거리 찾아보기다.

영화보기: 영화도 리스트를 공유하여 경험한다. 특히나 영화와 책들은 되도록 학생들에게 익숙하지 않은 표현과 문화권의 것을 제시하는데, 익숙하지 않은 것들을 보고 읽는 경험을 했을 때의 반응에 각 개인의 특성(이해의 방식)이 드러나기 때문이다. 익숙하지 않은 영상들과 글들은 그들을 흔든다. 예컨대 존 말코비치 되기Being John Malcovich와 같은 괴짜 영화를 볼 때 바람직한 반응은 이렇다 – 이게 도대체 뭔 이야기야!!! – 이런 반응이 나오면 매우 흡족하다.

생각의 표현 수단으로서 대표적인 방법들(영화와 글로 표현된 것들) 중에 자신과 다른 사고방식(과 감각)을 만나면 바로 '반응'이 나온다. 이 반응들은 감각으로서 즉자적인 것 혹은 문화적 차이 등 여러 갈래로 나온다.

흥미로워하기도 낯설어하기도 싫어하기도 물론 반응이 없기도 한다. 어떤 반응이든 나온다. 즉, 감각과 생각이 깨어나는 것이다. 만약, 이런 반응이 아닌 '뭐, 이럴 수도 있지'의 반응이라면 그 다음엔 이레이저 헤드Eraser Head, 또는 로스트 하이웨이Lost Highway를 보여준다. 조금 더 센 약을 쓰는 것이다. 혹은 내 친구의 집은 어디인가?Where Is the Friend's Home / Khane-ye doust kodjast?라든가.

예시로 든 마지막 영화에 대한 반응은 일반적으로 이렇다.

자신의 어린 시절이 회상되면서 같이 열받는다: 푹 감정 이입한다.
시골의 파란 대문과 신발 벗고 방안으로 들어가는 장면을 보면서 놀란다: 문화의 차이와 동질성

영화 내내 '공책 전달'을 쉽게 해결하지 않는 전개방식: 매우 지겨워한다: 일반적 문법의 영화와 다름과 최근 유행이 아닌 연출 방식

그리고 역시 또 한 부류는 자고 있다. 인식론적으로 그들은 자고 있다.

책읽기: 책은 너무나도 범위가 넓고 소재가 많다. 그 책들의 선택과 책을 읽는 것도 다 경험으로써 행한다. 예컨대, 책의 제목들도 재미있는 소재이다. '끝없이 두 갈래로 갈라지는 길들이 있는 정원/호르헤 루이스 보르헤스'. 이 단편의 제목만으로도 소재로서 또 그 위에 자신의 체험을 투영해가며 이야기 거리가 된다. 끝없이 두 길로 갈라진다니…

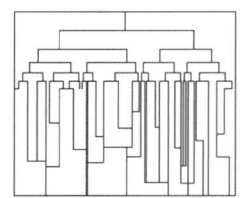 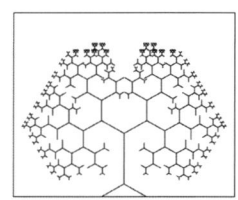  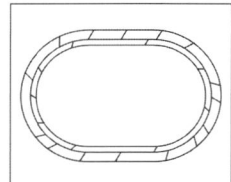

끝없이 두 갈래로 갈라지는 길들에 대한 구상들

이러한 여러 반응을 기록, 기술할 때, 그것을 발표하고 이야기하며 '공유'할 때 객화의 과정을 거친다. 자기의 생각을 이야기 하는 것은 자신을 체험과 경험을 이야기하는 것이다. 그 체험과 경험들을 단지 객화된 '대상'으로 다루기로 하는 것이다. 나의 어떤 경험이었지만, 그 경험을 단지 소재로서 다루는 것이다.

경험을 통한 이야기 만들기 예시

예컨대, 어느 학생의 '2010년의 어느 등하교 시간, 한강을 건너는 버스 안에서 노래를 짜릿하게 들었다'는 경험이 있다고 하자. 이 간단한 경험에서도 많은 이야기-가능성 소재가 있다.

시간: 2010년 – 이 해의, 이 계절의 어떤 사건들
한강 다리: 한강이 보인다. 한강에는 많은 것들이 있다. 철새, 오리배, 낚시꾼 등등
버스: 사람들을 나르는 기다란 형태의 창문이 있는 box, 노선표, 손잡이…
노래: 음악, 사람 목소리, 이어폰, 라디오, 주파수, 힙합, 트로트…
짜릿: 어떠한 감정의 짧지만 매우 인상적인 느낌적인 느낌!

이러한 많은 이야기-소재들이 나온다. 이러한 내용들을 나의 시간, 나의 버스, 나의 짜릿 감정에서 '나의'를 떼어내고 '객화된 대상'으로 다루어 보는 것이다. 어떤 소재가 어떤 이야기들이 번짐새 있는(연계된, 연상되는) 이야기로 갈지 모른다. 이렇게 '나', '영화', '책', '장소'들에서 그것들의 체험과 경험과 기록에서 각자의 이야기가 나온다.

공유된 영화, 책, 답사지들은 공유기억과 공유경험이 되며 공통으로 소통할 소재가 되어서, 공통 소재에 대한 다른 이(유식한 말로 타자)의 생각을 읽어볼 수 있게 된다. 서로 같이 이야기할 소재가 생겨서 생각을 나눌 수 있게 된다. 또한, 얼마나 서로 다른가에 대해서도 느끼게 된다. 공유되는 경험을 하는 것이다. 말하자면 친해진다.

학생들이 체험과 경험을 발표하면 항상 느낀다. 사람들은 얼마나 다양한가, 얼마나 다른 점에서 감정을 느끼는가, 얼마나 사람들은 공통되고 반복되는가, 얼마나 그들은 자신의 생각을 말하고 싶은가, 얼마나 교감되는가, 얼마나 오래도록 이들은 억눌려왔는가, 얼마나 자기 자신일 수 있는가, 얼마나 떨리나, 어찌나들 생동하는가 말이다. 그리곤 그들은 바로 졸고 있다. 여지없이.

이야기story와 시나리오scenario 만들기

수 많은 경험과 체험들을 객화된 대상으로(소재로) 간단한 이야기를 만들 수 있다. 이야기란 무엇인가? 주체나 대상이 있고 행위나 사건이 있는 모든 것을 말한다. 때문에 누가/무엇이 있고 뭔 일이든 일어났으면 그것은 다 '이야기'인 것이다. 그럼 시나리오란 무엇이고 왜 뭐하러 쓰는가?

시나리오 역시 수 많은 정의와 쓰임의 방법이 있으나, 여기서는 연극각본 혹은 영화대본과 거의 같은 의미로 쓰이며(즉 미리 짜여진 이야기(들)), 미래에 일어날 일(이야기)을 예상해 보는 가정·모의 실현simulation의 방법과 의미로 쓰인다.[32] 아주 짤막한 이야기가 여러 개일 때, 서로 관계하거나 영향을 줄 때, 이야기들이 (의도적으로) 배치·배열될 때 각본(시나리오)이라 할 수 있겠다.

그래서 여기서는 이야기를 '낮은 단위'(구성단위)로 설정하고, 이야기들을 엮는 것과 전개하는 것을 각본(시나리오) 작성이라고 설정한다.

- 이야기(들): 낮은 단위

- 시나리오: 이야기, 이야기A+이야기B+이야기C…,

    [이야기{이야기(이야기)}] – 이야기 안에 이야기 안에 이야기…

- 프로그램: 수많은 시나리오 중에 결정된 것, 또는 고정된 것

여기서 나는 수없이 반복하여 요청한다. 제발, 간단한 1줄짜리(최대 3줄 이하의) 이야기를 써보자고. 하지만 어떤 학생들은 대하SF환타지 소설 같은 것을 써 온다.

---

32) 이런 일들을 scenario planning, scenario thinking 또는 scenario analysis라고 한다. 유연한 장기계획 수립, 사용 전략 계획 방법 등 –위키백과

작성 사례

1. 나의 공간 안에 살고 싶게 하고 싶은 사람은 존 말코비치의 어린 시절 아이이다. 본인을 돌아볼 수 없고 고립되어버린 상처받은 아이의 모습 속에서 불쌍함을 느꼈고 아이가 세상 속에서 자신을 가두지 않았으면 좋겠다는 생각을 했다. 경험의 공간, 외부와 떨어진 공간을 만들어 자신을 돌아볼 수 있게 해주고 싶다는 생각을 해 보았다.

2. 뜨개질로 만든 목도리나 스웨터를 보면 실이 위아래로 물결을 치며 연결되어 있다. 이를 보면서 공간이 연결되어 있지만 1층도 2층도 아닌 구조가 된다면 어떨까라는 생각을 하였다.

3. '제가 살고 싶은 집은...'에서 건축주가 외부 사람들과 교류를 원하는 집을 원한다고 했는데 아예 외부와의 단절로 내부에서는 외부를 상상조차 할 수 없고 외부에서 내부의 공간을 상상조차 할 수 없는 공간은 어떨까 라는 생각을 하였다.

4. 비비탄 총 중 탄창부분에서 위로 올려주는 스프링의 역할을 이용하여 총알이 나간 그 공간을 메우주는 총알이 다시 올라온다는 것이 재미있었다. 여기서 한 공간이 한번 쓰고 없어지는 공간은 어떨까 라는 생각과 그 공간을 메워줄 새로운 공간이 그 위치에 생긴다면 어떨까라는 생각을 해 보았다.

5. 우유팩이 열리고 닫히는 원리가 재미있었다. 양쪽 끝을 눌렀는데 중간에 있는 뾰족한 부분이 열리는 것이 재미있었다. 이를 이용하여 양쪽에 두 사람이 협동하여 천장이 열리고 닫히는 공간을 만들고 이 원리는 우유팩이 열리고 닫히는 원리를 이용하면 재미있겠다고 생각하였다.

6. 아이폰을 충전할 때 콘센트에 아이폰 충전기가 연결되어있고 그 충전기 자체도 2개로 분리가 가능하지만 붙어있고 또 그 본체와 선이 연결되어있고 선은 아이폰과 연결되어있다. 이렇게 연결된 아이폰을 보면서 이를 공간에서 활용할 수 없을까 생각해 보았다.

7. 제가 만든 공간에 살게 하고 싶은 사람은 존 말코비치의 어린 시절인데 상처로 자신의 존재를 거부하는 모습들을 보면서 자신의 존재됨을 느끼게 해주고 싶다는 생각을 했습니다. 저는 거울을 보면서 저의 존재를 인식하고 즐거워합니다. 존 말코비치도 저와 같다는 생각에 한 공간에 들어서면 거울이 사방에 있어 자신에 존재를 눈으로 확인하게 해주고 싶었습니다.

8. 존 말코비치의 자신의 존재됨을 인지하지 못한다고 판단하였기 때문에 공간이 존 말코비치의 존재됨을 증명해줄 수 있는 방법을 생각해 보았습니다. 또 다른 아이디어는 공간이 존 말코비치에 의해 변화되는 공간입니다. 자신의 발 동작으로, 자신의 손동작으로 공간이 변할 수 있다면 자신의 존재됨을 증명할 수 있을 것이라 판단하였습니다. 바닥과 벽과 천장을 누르면 들어가고 또 다른 곳이 나오고 하는 형식을 취하면 좋겠다고 생각했습니다. 이 원리를 시소의 원리에서 한쪽이 올라가면 한쪽이 내려가는 원리를 뽑아왔습니다. 그 공간에서 자신의 움직임에 따라 공간이 움직임을 통해 자신이 가치 있고 존재함이 있음을 인지할 수 있을 것이라 생각됩니다.

9. 비비탄 총에서 총알이 나오고 그 자리를 메우는 새로운 총알이 들어선다는 원리를 응용하여 일회용 공간이 나오고 그 공간이 사라지고 또다시 새로운 공간이 나온다는 스토리를 생각해 보았습니다. 일회용 공간이란 공간을 버린다는 비효율적인 경향이 있습니다. 이를 보완하여 제가 의도하고자 했던 공간이 생겼을 때에 사용자가 새로움을 느끼는 공간의 의미였기 때문에 공간을 버리지 않고 무작위로 섞어 사용자가 다음공간에 대해 예측할 수 없도록 뒤섞여 있는 공간을 생각해 보았습니다. 그리고 일회성의 의미인 사라진다는 의미를 접어서 사라진 것처럼 느낄 수 있도록 생각해 보았고 이 원리를 '그림이 튀어나오는 동화책'에서 원리를 찾았습니다. 이 원리는 접었을 때는 한 면이 되었다가 폈을 때 가구라던가 공간들이 나오게 되는 원리인데 이를 이용하여 폈을 때 공간이 '생김', 닫았을 때에 공간이 '사라짐'이라는 표현을 할 수 있습니다.

10. 볼펜은 쇠구슬 때문에 사방 어느 곳으로 건 움직일 수 있습니다. 이 원리를 이용하여 공간이 순간의 기울기를 통해 사방 어디로건 움직일 수 있는 공간을 만들어 보고 싶다는 생각을 했습니다. 전에 말했던 사용자가 공간을 예측할 수 없는 공간에 활용한다면 사방으로 움직이는 공간이 더 새로움을 느끼게 해 줄 것이라 판단하였습니다.

11. 빗질을 하면 머리 결이 변한다는 것을 보면서 이를 이용해 공간이 어느 것은 사라지고 어느 것은 남아 있을 수 있음을 상상해 보았습니다. 빗 모양의 촘촘한 정도를 다르게 하여 불규칙적으로 공간의 사라짐과 남아 있음을 사용자로 하여금 경험하게 해주고 싶다는 생각을 하였습니다.

12. 배의 모양을 관 모양으로 하고 건물 입구와 복도 모양도 배의 모양인 관 모양의 연장선으로 하여 이어지는 느낌을 주며 관이라는 비밀스럽고 혼자만의 공간의 느낌을 주고 싶다.

어떤 방대하게 수많은 이야기 작성의 예시 - 박찬희, 2012-2nd

다시 이야기 만들기

경험과 체험을 가지고 '이야기'들을 – 제발 짧고 간단한 이야기들을 – 써보라고 하면 그들은 매우 괴로워하면서 세 가지 부류로 나뉜다. 한 부류는 오랜 시간 백지를 마주본다. 또 다른 부류는 한 줄 또는 1/2줄을 썼다가 지웠다 하고, 마지막 부류는 마치 봇물 터지듯 마구마구 써온다. 무슨 초등학교 상상력 글짓기 대회 같은 분위기가 연출된다. 많이 쓸수록 좋다. 그들은 자신의 생각을, 상상을 써본 적이 없는 듯하다. 항상 '답'을 쓰라고만 들었으니. 그 해소의 차원에서는 좋다. 그러나 그럴듯한 소설이나 에세이를 써야 하는 새로운 중압감이 그들을 누르는가 보다. 인간의 강박관념은 언제나 등장한다. 하지만 '많이, 그럴듯하게' 보다는 그 안에 이야기 – 누가/무엇이 있고 뭔 일이든 일어난 것 – 와 그 이야기 안의 대상들(즉 단어들)을 재–조립, 재–구성할 수만 있으면 된다. 다시 정리해 보면,

경험: 일종의 이야기(들) ⇒ 이야기에서 대상(들)을 구분, 객화

이야기들은 또한 몇 개의 '단어들'로 분해, 대치될 수 있다. 이를 최소단위로 하여 가상의 집합 안에 무작위로 뿌려본다.

어떤 이야기에서 추출된 단어들, 노지혜 2012–2nd

여기에 등장한 단어(들)을 '재구성'하여 다른 그럴듯한 이야기로 만들어 본다.

경험 ⇒ 이야기 ⇒ 단어들 ⇒ 재구성 ⇒ 다른 이야기

예컨대 원래의 이야기가
   [원룸에서 빨간 우산을 들고 나왔다]였다면
이를 재구성 하여
⇒ [빨간 우산을 '써야' 직사각형(원룸)으로 들어갈 수 있다]라는
약간은 엘리스[33]적 이야기를 만들 수 있다.

사실 이야기라고 하지만 여기서는 어떤 상황/장면에 가깝다. 이러한 이야기(상황/장면)들을 만들어 본다. 되도록 그 이야기의 '대상과 행위'가 추상적이지 않게, 되도록 구체적으로 상상할 수 있도록, 되도록 재미나게.

33) 이상한 나라의 엘리스

다시 시나리오 만들기

이야기와 시나리오는 사실 큰 차이는 없다. 다만, 여기서의 시나리오는 상황, 장면 등이 연속되는 전개과정이 있는가의 관점이다.

도식적으로는

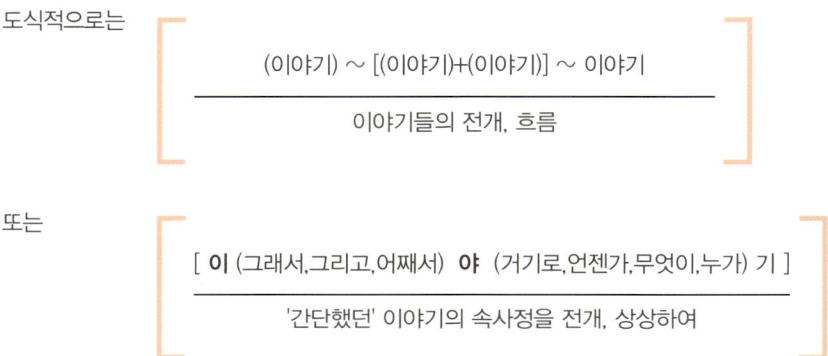

또는

[이 (그래서,그리고,어째서) 야 (거기로,언젠가,무엇이,누가) 기]
─────────────────────────────────────
'간단했던' 이야기의 속사정을 전개, 상상하여

전개, 진행되는(할 수 있는) 이야기로 만드는 것이다.
다른 말로는 '번짐새 있는 이야기'로 바꿔보는 것이다.

이러한 '이야기'가 '시나리오'(즉 예상, 예측, 상상, 설정하는 전개될 이야기)가 되는 것은, '시간'이 개입되어 '순서'로 전개되는 것이고 또한, 당연히 '주체·객체'들과 '사건'과 '장소/위치/방향'을 등장시키는 것이다.

때문에, 시나리오는 어떤 면에서 프로그램의 전 단계 또는 거의 프로그램이라고 할 수 있다.

비도식적으로 이야기하면, 영화의 시나리오처럼 이야기를 써보는 것이라고도 할 수 있다. 시나리오라는 말을 연극·영화에서 차용해서 쓰는 것은 어떤 면에서 현실 또는 현 시대의 실질적인 반영이라고도 할 수 있다. 고정되지 않고 흘러가며 갑작스러운 사건들과 상황들이 튀어나오는 유사-현실의 영화 시퀀스처럼.

이야기(들)이 시나리오 단계가 되면 – 이 과정에서 시나리오 1,2,3 과 같은 대안들과 시나리오 A ⇒ A' ⇒ A" ⇒ A'' · B ⇒ a · B ⇒ B ⇒ ... ⇒ Q의 지난하고 길고 긴 과정이 진행된다. 이 과정은 각각 너무나 개별적이어서 사람마다 매우, 아주 매우 다르다.

이제 시나리오는 형태와 만난다. 즉, 형태 만들기와 프로그램 만들기는 당연히 병렬로 진행된다.

형태와 이야기(프로그램)의 만남, 결합 또는 스며들게 하기: Form + Story(Program) Making

형태 + 프로그램

구성 – 조립, 조합, 구축, 배열, 배치, 지휘, 긴결, 만듦, 전개….
Composite, Assemble, Engage, Construct, Compose, Make up, Lay out, Organize, Constitute, Conduct, Configure, Play …..

이 과정은 앞선 '형태 만들기'와 '프로그램 만들기'의 주도권 싸움이라 할 수 있다.
그전부터 '형태들'과 '시나리오(또는 거의 프로그램)들'은 각각이 또한 전체적으로 **구성**構成하는 진행 단계에 이르게 되는데, 그 구성의 과정이란 '가장 많은 경우의 수'와 '가장 많은 시간'과 '가장 많은 도돌이표'가 발생된다.

이 와중에 두 진행과정이 만났기 때문에 더욱 많은 경우의 수가 발생되며, 주도권 싸움 – 어제의 주인공과 내일의 승자가 바뀐다 – 이 일어난다. 여태도록 각각이 지켜온 엄격한 규준, 규칙들이 지켜진다고 해도, 이건 일종의 전투이기 때문에, 형태가 가져오는 '기하학의 방향성과 규준들'과 시나리오 (프로그램)이 가져오는 '이야기 전개의 유려함과 타당성'의 양쪽의 명분들 간에 어떤 것이 오늘 승리하는지에 따라-서 치열하게 달라진다. 하지만, 그렇게 각각의 이유나 매력들이 쌓여가며 최종적으로는 가장 합리적인 것보다는 **가장 매력적인 것 또는 가장 힘있는 것**이 선택된다. 경험적으로.

그렇다고 해서, 그간의 '전투의 과정'이 날라가는 것은 아니다. 그 전투의 과정은 다양한 '학습'으로 남는다. 예컨대 '기하학적 전개의 방향성(또는 입체 비례구성의 미美)'와 '프로그램(시나리오)의 당위성 또는 명료함'이 다투는 과정에서 프로젝트의 내용이 정리되며 방향(성) 결정에 기여한다. 또한, 진행되는 프로그램의 적정한 축척 결정을 위한 다양한 점검(실제로는 여러 단위로 만들어보며 검토해야 하는)이 이루어진다. 각 부분으로 들어가면 더욱더 많은 설정, 결정, 해결들을 해야 하는데, 의자 하나의 위치까지도 이러한 전투의 과정에서 논의되는 것이다.

형태와 시나리오의 구성의 각각의 전개에 있어서도 수없이 다양한 형태 또는 양태의 구성이 일어난다. 이러한 다양한 구성방법과 양태의 드러남에 대해서는 다른 글에서 다루고 여기서는 전체적으로 일어나고 진행되는 과정만 간략히 기술하기로 한다.[34]

그 간략한 기술로서 두 과정의 **만남**[형태+프로그램] 이후의 전개는 다음과 같다.

---

[34] 이 글에서는 입체와 입체들 간의 구성방법 중 일부만을 다룬다. 입체 비례, 배치 비례, 조립, Boolean assemble 등의 내용은 다른 글에서 다룬다.

형태들

CASE-1: **Symmetric Lay-out**

[(추출해낸) 형태들을]　[일렬로, 병렬로, 대칭적으로 (대칭을 의식하며)]　[정렬 · 배치해 본다]

CASE-2: **Figure & Figure**

[(추출, 구성, 조립한) 형태들 중에서]　[기준으로 설정하여 / 여러 개를 조합하여 주인공을]　[선택 · 설정해 본다]

CASE-3: **Figure – Background**

[(구성, 조립한) 형태들을]　[주인공 / 조연, 배경(들)로]　[전체 (입체적) 배치 구성을 해 본다]

CASE-4: **Gestalt grouping**

[(추출, 구성, 조립한) 형태들을]　[게슈탈트 심리적으로 (유사 개체 집합적으로)]　[정렬 · 배치해 본다]

CASE-5: **Lay out & Play**

[(추출, 구성, 조립한) 형태들을] [등장인물1, 등장인물2, 3, 4, …을 만들고] [배치 · 배열/연극적 설정을 해 본다]

CASE-6: **Form in Form & Box in Box**

[(추출, 구성, 조립한) 형태들을] [형태 안에 형태로] [넣어본다]

CASE-7: **Scaling**

[(추출, 구성, 조립한) 형태들을] [축척과, 1/3 & 배수관계로] [변경 / 조절한다]

⋮

CASE-n: **Lay out & Play**

[추출, 구성, 조립한 각종 형태들을] [각종 방법으로] [구성해 본다]

\# CASE 중의 어떠한 배치 · 배열은 그 자체로 시나리오가 되기도 한다.
\# 형태들의 조합 · 구성 · 조립에도 1/3 원칙을 최대한 적용한다.
\# 형태들을 가지고 구성할 때 주인공 만들기, 배치 · 배열하기, 조연 만들기 등에도 몇 가지 고전적인 또는, 최신 유행의 원리 · 규칙들이 적용된다. 대칭성, 조합 · 조립, Figure-Background, 병치Juxtaposition … 모든 방법을 동원한다.

프로그램

고정 전까지 아직 시나리오들

■ 형태들의 구성방법 경우들(CASE 1, 2, 3, … n …)과 시나리오 대안(ALT 1, 2, 3, …)들을 맞추어 본다.

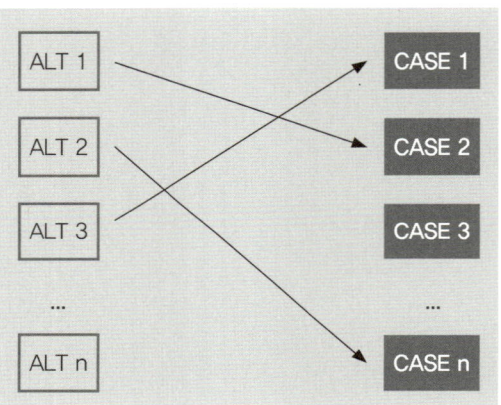

■ 시나리오의 주체·객체, 사건에 따라 형태들을 배치·배열해 본다.

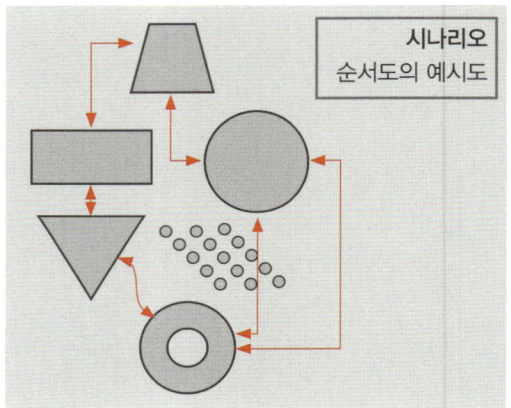

시나리오 순서도의 예시도

■ 시나리오의 주체·객체를 형태(들) 또는, 주인공(들)로 대치해 본다.

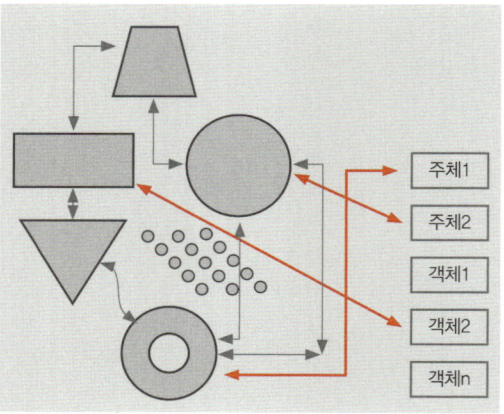

■ 시나리오의 주체·객체, 사건에 따라 형태들을 배치·배열해 본다.

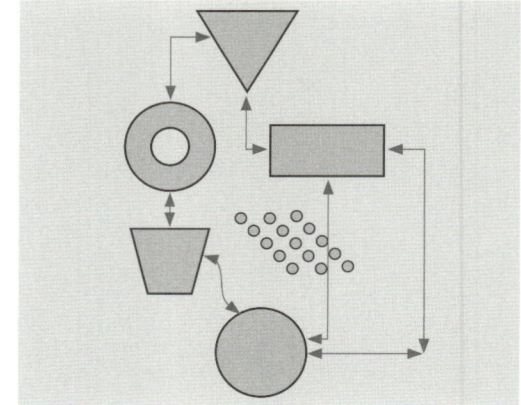

■ 바뀌어진 형태들과 주인공(들)에 따라 시나리오를 수정해 본다.

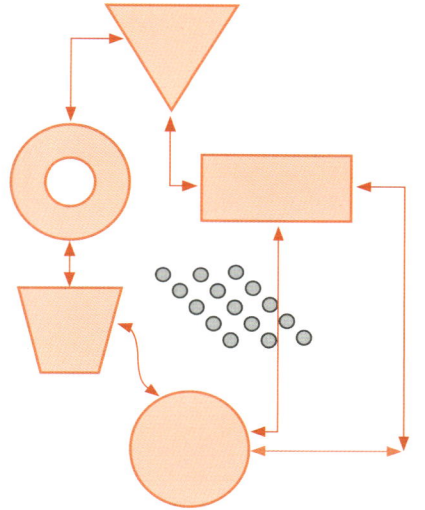

■ 시나리오는 마치 주인마님처럼 형태들과 관계들을 주관한다.

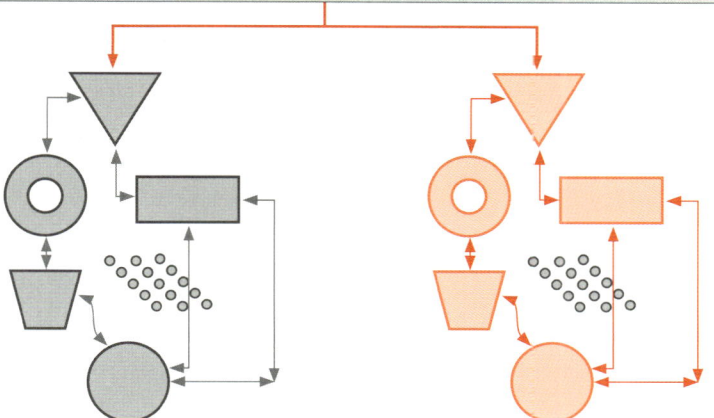

CASE-1 [Symmetric Lay-out]

(추출해낸) 형태들을 일렬로, 병렬로, 대칭적으로(대칭을 의식하며) 정렬 · 배치해 본다

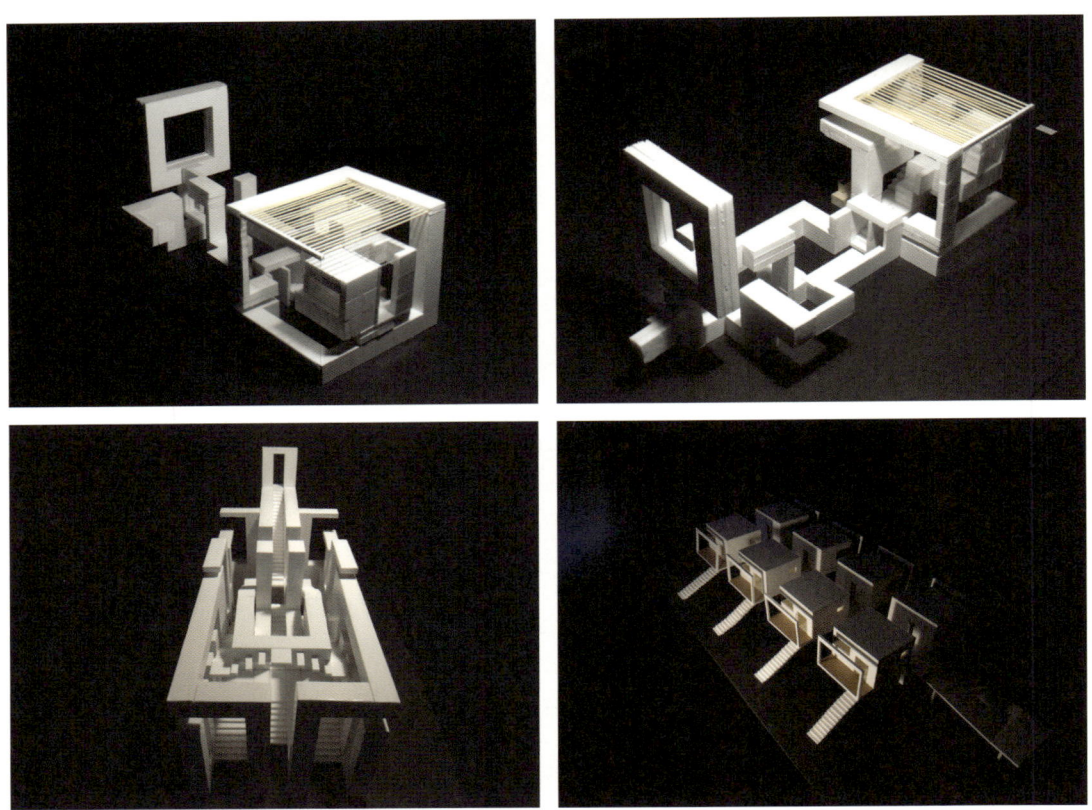

김도희 2015-1st, 김도희 2015-1st
김　영 2019-1st, 이수미 2016-1st

CASE-1 [Symmetric Lay-out]

(추출해낸) 형태들을 일렬로, 병렬로, 대칭적으로(대칭을 의식하며) 정렬·배치해 본다

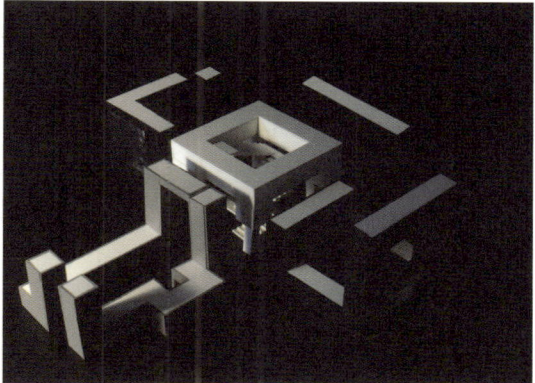

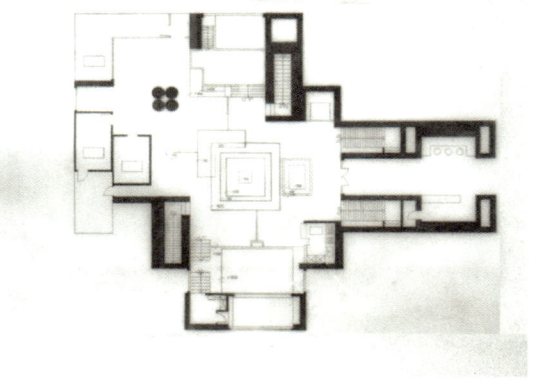

조영일 2012-2st, 이승혁 2016-1st
조영일 2012-2st

CASE-1 [Symmetric Lay-out]

(추출해낸) 형태들을 일렬로, 병렬로, 대칭적으로(대칭을 의식하며) 정렬·배치해 본다

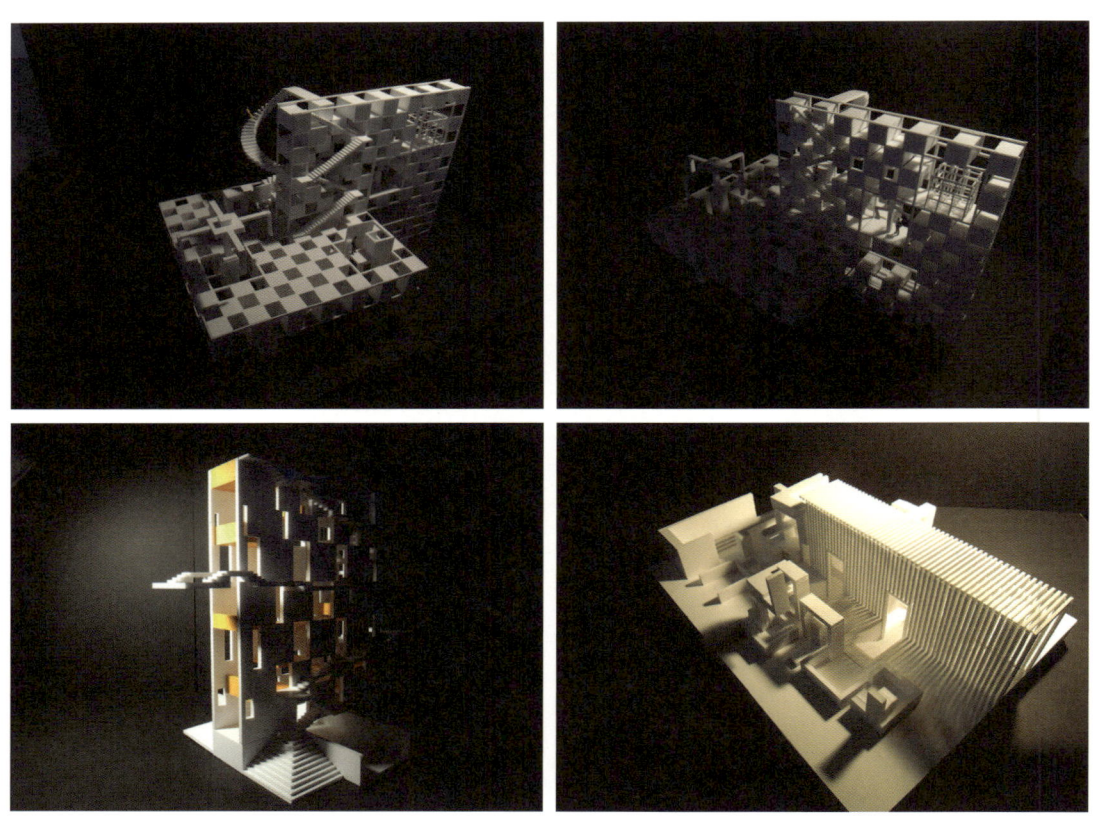

정하윤 2019-1st, 정하윤 2019-1st
한영수 2019-2st, 한민지 2019-2st

CASE-2 [Figure & Figure]

(추출, 구성, 조립한) 형태들 중에서 기준을 설정, 조합하여 주인공을 선택 · 설정해 본다

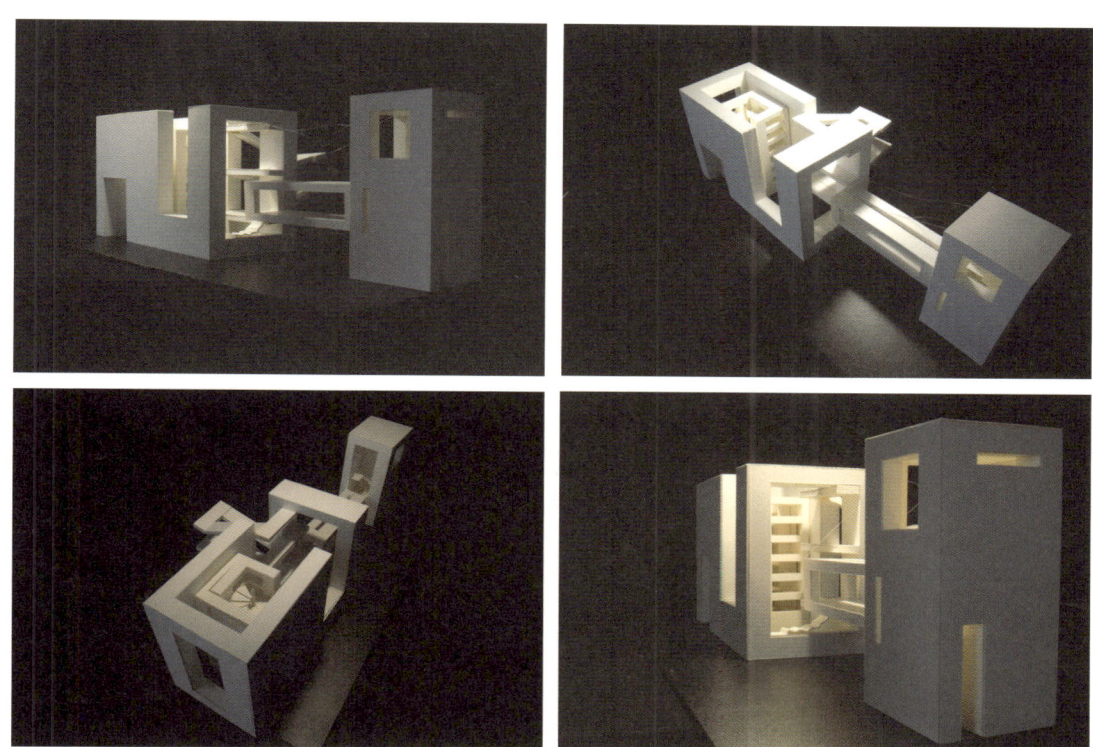

유한별 2016-1st

CASE-2 [Figure & Figure]

(추출, 구성, 조립한) 형태들 중에서 기준을 설정, 조합하여 주인공을 선택 · 설정해 본다

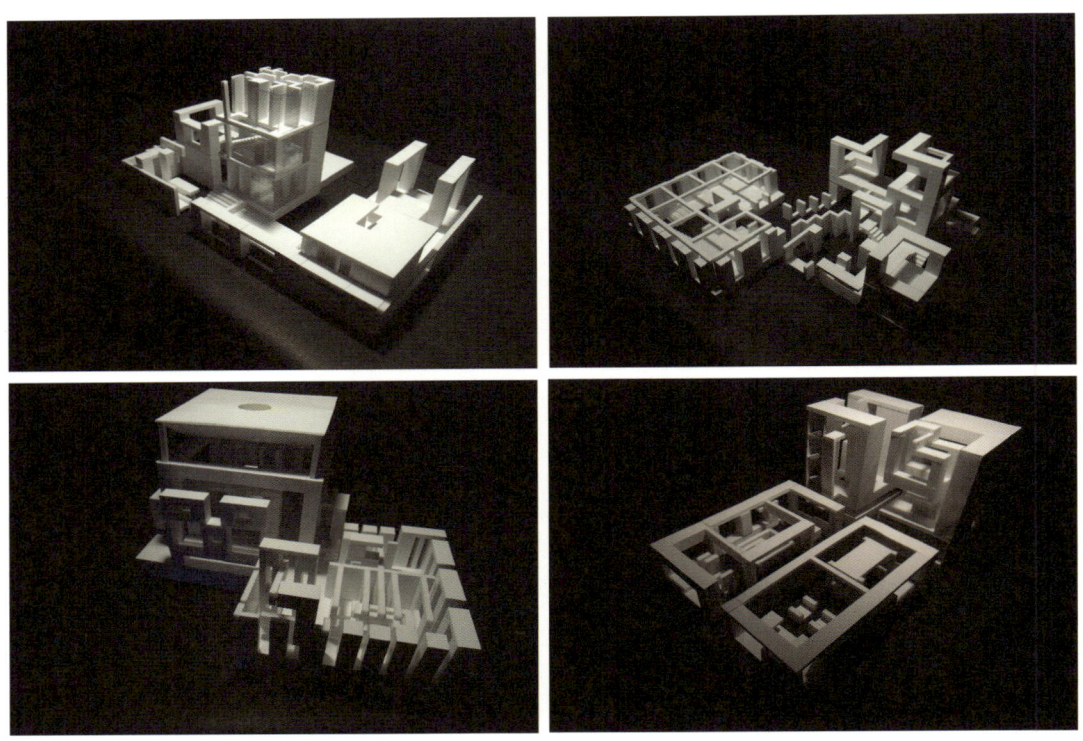

곽동일 2019-2st, 김영규 2019-2st
성민지 2019-2st, 김재윤 2019-1st

CASE-3 [Figure – Background]

(구성, 조립한) 형태들을 주인공과 조연, 배경(들)로 전체 입체적으로 배치·구성을 해 본다

장소현 2016-1st
최승혜 2015-2st

CASE-3 [Figure - Background]

(구성, 조립한) 형태들을 주인공과 조연, 배경(들)로 전체 입체적으로 배치 · 구성을 해 본다

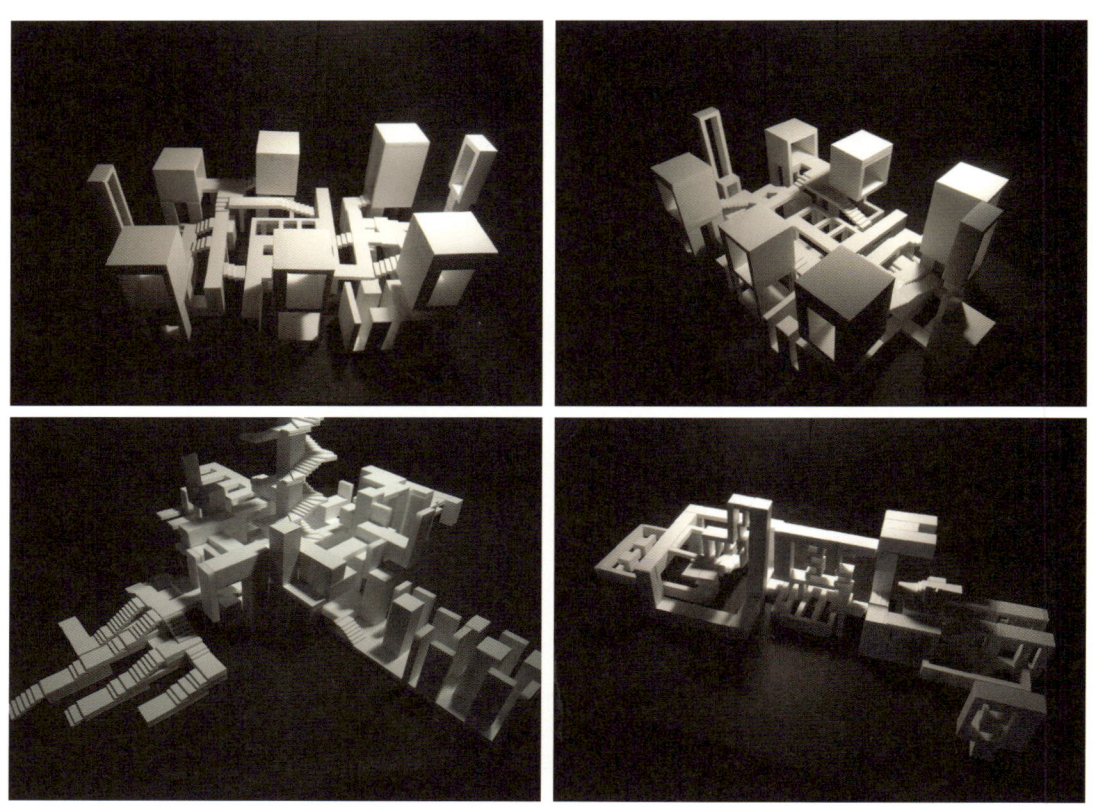

임래훈 2019-1st, 임래훈 2019-1st
김서영 2019-2st, 전성주 2019-1st

CASE-4 [Gestalt grouping]

(추출, 구성, 조립한) 형태들을 게슈탈트 심리적으로(유사 개체 집합적으로) 정렬 · 배치해 본다

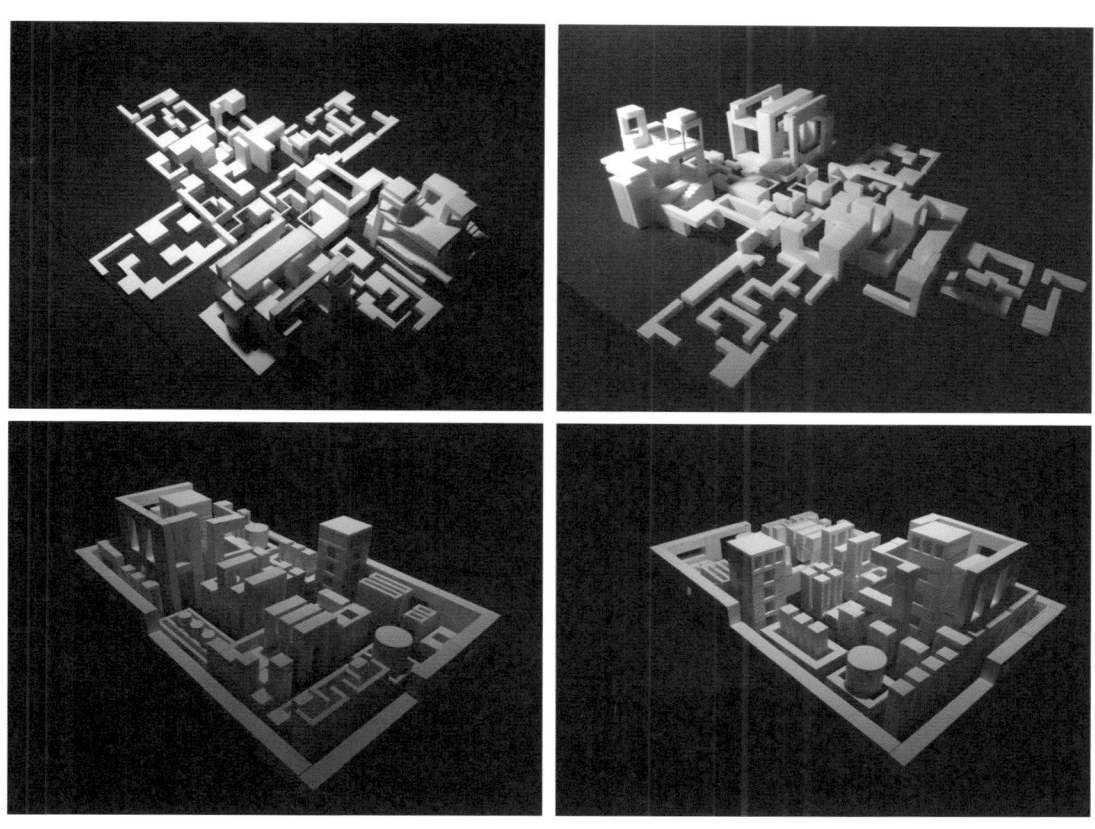

양연지 2019-1st
채진영 2019-2st

CASE-5 [Lay out & Play]

(추출, 구성, 조립한) 형태들을 등장인물 1, 2, 3,… 처럼 연극적 설정으로 배치 · 배열해 본다

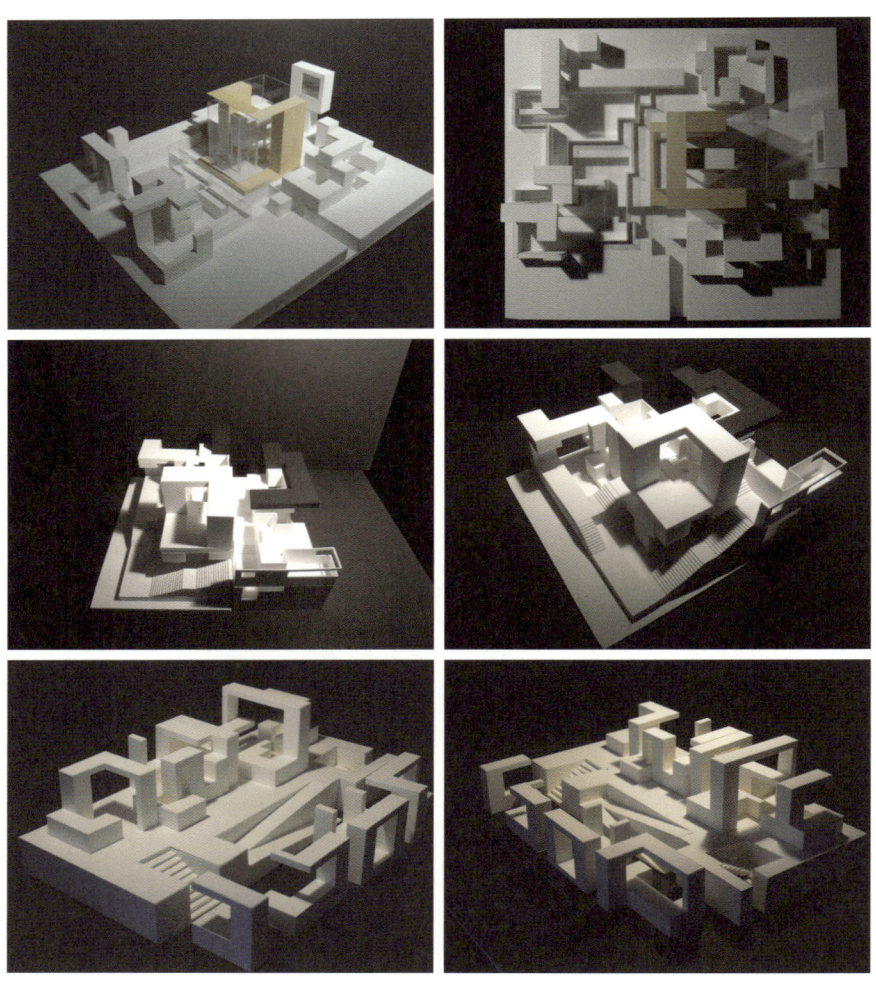

심유진 2015-1st
김성준 2015-2st
이서정 2016-1st

CASE-5 [Lay out & Play]

(추출, 구성, 조립한) 형태들을 등장인물 1, 2, 3,… 처럼 연극적 설정으로 배치 · 배열해 본다

장지윤 2019-1st, 김영은 2019-2st
김영은 2019-2st, 김영은 2019-2st

CASE-6 [Form in Form & Box in Box]

(추출, 구성, 조립한) 형태들을 형태 안에 형태…로 넣어본다

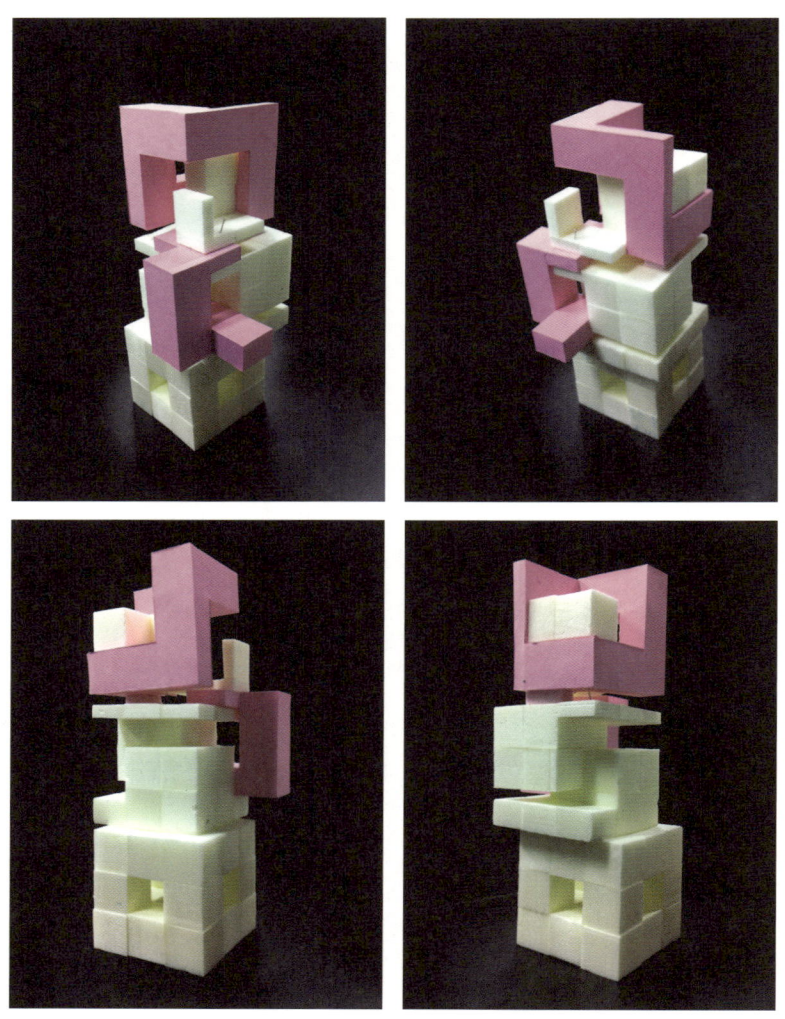

김윤지 2012-2st

CASE-7 [Scaling]

(추출, 구성, 조립한) 형태들을 축적과 $\frac{1}{n}$ 배수관계로 변경 · 조절한다

지제환 2015-2st

축척 scale

이러한 형태(들)과 시나리오(들)[35]의 대 접전 – 이 기간에 가장 많은 시간과 작업이 집중되는 기간이다 – 속에 새로운 강력한 절대 반지와 같은 **'절대 원칙'**이 등장한다. 바로 축척scale이다. 이 축척은 형태(들)-시나리오(들)의 조합 설정에 따라 결정되는데 적용되는 축척은 지도 정도의 단위로서 매우 클 수도, 가구 정도의 단위로서 매우 작을 수도 있다. 마치 도깨비 방망이 마냥.

그러나 한 번 정해지면 융통성 없는 엄격한 원칙이며, 초심자들이 어려워하고 숙련자도 헷갈리는 특성이 있다. 동시에 (주로) 프로그램에 따라 변하는 마술-기능 때문에 건축학의 매우 깊은 비밀을 가지고 있는 요소이다. 맛있는 도너츠는 언제 우주 정류장으로 변할지 모른다.

실제로 '형태-시나리오' 결정 이후의 진행과정은 이 축척(과 건축계획적 적정성)의 까다로운 검증의 기간이기도 하다. 설정된 프로그램에 맞는지 모든 곳 – 계단, 실의 크기, 문고리의 높이, 창의 넓이와 높이의 적정성, 가구의 크기와 위치, 바닥과 벽의 적정한 구조적 두께 … 그야말로 계획되는 모든 곳 – 에 원칙의 기준으로서 검증한다.

또 다른 절대원칙도 등장한다. 바로 **중력과 구조의 물리법칙**이다.
그러나 저학년 과정에서는 구성가능한 최대치 – 현대공학과 가까운 미래공학까지의 – 적용을 전제하고 진행한다.

---

35) 고정되기 전까지는 프로그램보다는 시나리오에 가깝다.

Outro

성스런 배스우드[36], 우드락[37] 혹은 자의식ego

이 격전의 전투과정에서 그 유명한 '우드락에 투영된 자아'가 나온다. 학생들은 자신들이 만든 모형이 조금만 변경, 변형되어도 놀라거나 울상이 된다. 그 모형(사실은 손으로 만지작거려 찌그러진 스티로폼 덩어리)에 이미 각자의 자아가 투영, 투사된 것이다. 어쩌면 스스로 만든 최초의 창작물(?)이다 보니 애착관계가 짙게 형성되나 보다. 어린이들이 잘 때 쓰는 인형이나 라이너스의 담요 같은 것이 되어버린 것이다.

그 모형이 아무리 찌그러져도 자아 투영은 계속된다.

그리고 '원래'라는 것(?)도 나온다. 학생들과 계획 내용을(조립된/구성된 형태들) 진행하면서 이것이 왜 여기 있는지, 왜 이렇게 구성되었는지, 어떤 생각이었는지를 물어보면 '어떤' 대답이 나온다. 그것이 왜 또 그런지를 물어보면, 그것은 '원래 그렇다'는 대답이 나온다.

즉, '원래'란 학생 자신의 에고와 함께 만든 최초의 계획 – 흔들릴 수 없는, 움직일 수 없는, 변형할 수 없는 엄격하고 신성한 성배 같은 것 – 그것이 '원래'가 되어버린 것이다.

그렇다면 그것이 왜 원래 그래야 하는지에 대해 물어보면 그보다 더 센 '그냥'이 나온다. 나올건 다 나왔다. '그냥'까지 나왔으면.

---

36) Basswood: 모형용으로 작게 나온 나무판재.
37) 우드락은 왜 우드락인가? Wood Block(목판)의 발음 변형인가? 그런데 왜 합성수지인가? Woodlark(종다리)이라는 상표명인가? 당췌 알 수가 없다.

질문들

진행과정 중 한동안 없던 학생들의 **질문들**이 많아지면 계획의 막바지이며 학기의 마지막이 다가온 것을 뜻한다. 이들은 모든 것을 질문한다.

'유리 창은 얼마나 길게 나와요?'
: 9m 정도로 알고 있는데, 기술은 발전할 거니까 맘대로 해.

'건물이 기둥없이 90m 떠 있을 수 있나요?' (아마도 Cantilever 구조를 질문하는 듯)
: 과학기술은 위대하단다. 계속 발전할 거니까. 하지만 30m 정도 간격으로 기둥을 넣고 그 밖에는 맘대로 하렴.

'이것보다 싸면서 좋은(?) 모형재료는 없나요?' (아마 문구점에 묻기가 좀 그랬나 보다)
: 어…. 글쎄….
'그리고, 얼마죠?'
: …….

'이 문손잡이는 어떻게 문에 달려 있나요?'
: 뜯어보렴.

'제가 계획한 이 옥상의 창문가에서 쉬면서 힐링하고 싶어요'
: (어쩌라구) 그래라… 감기는 아니지?

'이따가 SNS로 새벽 2시반 정도에 질문해도 되나요?'
: 난 잘껀데… 지금 질문해 줘.

'이 우드락(모형용 스티로폼 판재)은 뭘로 붙여요?'
: 풀, 뽄드, 그리고 실과 바늘.

학생들의 질문에 온갖(여태도록 소개한) 무수한 자료들을 환기시키며, 동시에 스케일-바로 재어보라고 하면서, 동시에 가열찬 SNS에 대답하며 질문-전투에 응수하지만, 밀리기만 한다. 이제 학생들이 **깨어 있는** 것이다. 그들은 깨는 부산하고 시끄럽게 떠든다. 다만 같이 먹는 '짜장면 타임'만이 휴전시간. 그 때도 질문한다.
'이거 더 시켜도 돼요?'

방학

처음에는 한 장에 그림 한 개와 한 두 줄의 유사 – 시적詩的인 글을 넣고, 매우 심오하게 보이도록 젠체하는 한 마디로 무언가(그것이 뭐든) 있어 보이면서 작업은 최소한으로 할 수 있는, 죄의식 없는(?), 그런 글을 쓰는 것이 목표였다. 그런데 어처구니 없게도 한 학기 과정 전체를 사진 스틸 컷으로 찍고 마구잡이 순서로 나열한 듯한 그러면서도 아주 얕게 스치며 겉핥기식 글이 되고 말았다.

사실은 이 과정은 세 줄로 요약할 수 있다.
(이 글을 여기까지 읽은 놀라운 인내심의 사람들에게 주는 부록으로서)

세 줄 요약 – [형태를 만든다
동시에 이야기도 쓴다
합친다]

그리고, 가벼운 인문학적 경험으로써

[글쓰기, 답사, 영화, … ~ 경험]

을 병행하는 것이다.

그리고, 꼭 이야기 했어야 하는 말도 '놓쳤다'.

I think, therefore I am
⇒ I [make], therefore I am

이 교육과정은 싸부님과 학생들 '덕분에' 만들어졌다. 싸부님의 강의방식의 극히 일부를 가져다가 얼기설기 전개해 놓고, 엉뚱한 진행을 해 본 것이다. 또한, 학생들의 즐거운 작업들을 보고 고양되었다.

심지어 방학에도 나는 학생들을 괴롭혔다. 사진촬영하자고, 포트폴리오와 총평을 내놓으라고.
도대체 방학은 시작되지 않는 것이다.
그들이나 나나.

부록

형태, 형상, 입체 등의 이해 – 설정[38]

형태形態는 **사물의 생김새에 대한 유형**으로 말할 수 있고, 형상形象/形像은 **개개 물체의 모양**을 말하는 것에 가깝다. 또한 입체는 **유형과 개개의 물체에 상관없이 3차원에서의 모든 모양**을 말하는 것이다. 즉, 사물을 유형화시켜서 말한다면 형태로, 개개의 물체의 모양은 형상으로, 3차원의 모든 사물의 대표지칭은 입체에 가까워 보인다. 형태는 유형, 태態의 의미가 포함되어 form과 가까운 단어이고, 형상은 개개의 물체에 대한 것과 그 물체의 외부경계, 윤곽선, 또는 외부 표현을 지칭하는 것이라 shape에 가깝다.

형상形相에서의 상相은 의식 또는 마음 속에 떠오르는 심상이다. 불교철학에서 분명 이러한 용도로 쓰인다. 때문에 우리가 사물의 모양을 지칭할 때는 형상形象/形像으로 쓰는 것이 맞다. 역시 불교에서 상象/像은 구체적 물체나 물질을 가르키기 때문이다.

모양은 2차원 3차원의 모든 형태, 형식을 다 아우르고 행동의 꼴조차 가리키는 기본적인 그리고 대표 지칭 단어이다. 모양은 2차원 패턴을 가리키기도 한다. 즉, 형태에 국한되지 않게 더 넓게 쓰인다.

꼴은 분명히 유형을 포함하는 단어이다.

입체, 형태, 형상, 형체, 모양, 꼴, form, shape – 국어사전/위키백과(영문) 참고

Shape – 어원상 외부형태external form 지칭

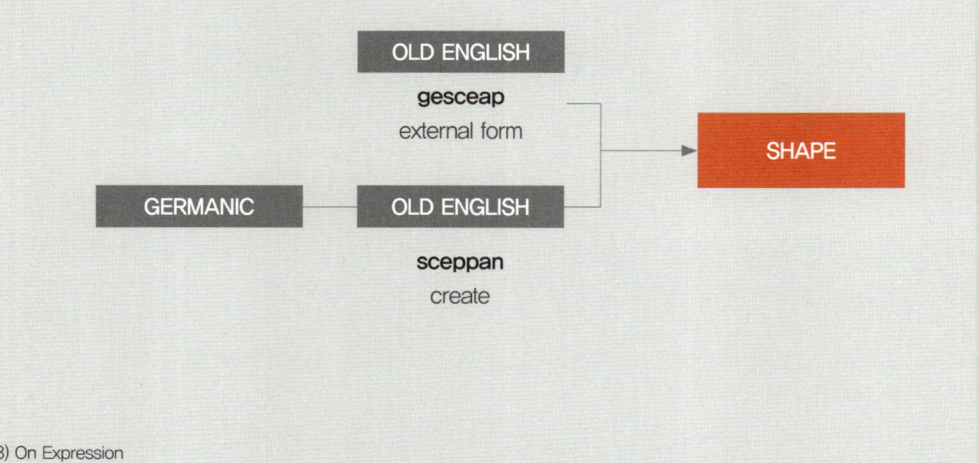

38) On Expression

형상문법

이민선

존재의 이유

스스로 작동하다

우리는 길가에 아무렇게나 핀 민들레의 존재 이유를 묻지 않는다.
존재의 인식이 있을 때도 없을 때도 크게 다르게 보이지 않는다.
그런 민들레를 보고 아름답지 않다고 하는 이도 없다.

민들레는 스스로 존재의 의무를 다한다.
그들은 스스로 작동하고 세상의 변화에 반응하며 존재한다. 자연 속에 존재하는 대상들[1]은 그들이 가지고 있는 물리적 요소와 조건들로 주변의 예측 불가능한 변화에 대응하며 그 생존의 범주 내에서 민들레같이 스스로 작동하며 반응하고 긴장 관계를 이루며 존재하고 있다.

땅에 고정되어 있으려고 빈틈과 무른 땅으로 침투하고, 물 공급을 위해 물을 끌어 올리고,
양분을 만들기 위해 해를 향해 위로 뻗어 있고, 바람에 대항하지 않고 바람에 몸을 맡긴다.
그리고 바람을 길로 이용하여 이동하고 개체수를 증가시킨다.

빈틈으로 침투하기 위해서는 가늘어야 하며 잘 구부러져야 한다. 외부로부터 에너지 공급 없이 물을 위로 올리려면 가는 관이 있어야 하며 바람에 몸을 맞기려면 인장 재료로 되어 있어야 한다. 바람 길을 이용하기 위해서는 가벼워야 하며 미세한 바람에도 비행 할 수 있게 우산살처럼 생긴 얇은 관모의 형태를 가져야 한다.

틈으로 침투하다 방해물이 생기면 구부러지다. 가는 관으로 이동하다. 휜다. 공기에 저항하다 등
몇가지 명령어는 스스로 작동하여 대상물이 존재하게 한다.

1) 인공물을 제외한 대상들

변수를 한정 짓다, 줄이다 〉〉 작동의 원리를 알다

의외로 단순한 몇 가지 조건들로 규칙을 적용하여 디자인을 하면 전혀 예상치 못했던 공간이 나온다.
일례로 잘 그려진 평면을 세워서 단면으로 그 공간을 읽으면 예상치 못했던 풍부한 공간이 발견되는 경우가 종종 있다. 늘 보던 대로 평면을 보는 것이 아니라 평면을 '세우다'라는 규칙으로 발견된 의외의 공간이다.

여기서 더 들여다 봐야 하는 것은 평면이 단면으로 바뀔 때 공간의 유용성이 0·니라 오히려 '세우다'라는 단순한 규칙에 주목해야 한다. 그 규칙이 변화시킨 것이 무엇이며 그 현상이 어떻게 작동하는가를 보는 것에 더 집중해야 한다.

이러한 작업은 예상치 못한 공간을 발견하기가 아니라 몇 가지 조건과 규칙으로 이루어진 공간이 어떻게 이루어졌는지, 그 원리는 무엇인지, 그것들이 그 공간 안에서 어떻게 변형되고 작동되는지를 보고 공간의 구성 원리를 알기 위함이다.

즉 단순히 새로운 형태의 디자인을 만들기 위한 것이 아니라 변수가 증가하건 증가된 변수[2]를 변화 요소의 하나로 받아들여 그것이 미치는 영향을 파악하고 동시에 변화가 자유롭고 용이하게 하여 최종 결과물이 그 구조적 틀에서, 논리에서 벗어남 없이 디자인하는 데 있다. 또한 벗어나더라도 기존 공간과 다른 공간 구조임을 알고 새로운 공간으로 디자인하는 데 있는 것이다.

호수에 돌 하나가 던져져 파장이 만들어 질 때와 돌 두 개가 던져져 파장이 간섭 될 때 파장의 결과물은 다르다.
큰 돌, 작은 돌, 넓적한 돌, 뽀족한 돌 등에 따라서도 파장의 결과물이 다르다. 어떤 강도로 던졌고 몇 개를 던져졌는지, 주변 환경은 어떠했는지 또한 결과에 영향을 미친다. 때로는 잔잔한 호수의 동심원을 그리며 끝날 수도 있고 때로는 나비효과로 지진이 일어날 수도 있는 것이다. 이 모든 것이 파장기라는 단순한 작동의 원리가 만드는 수많은 결과이듯이 건축에도 작동의 원리가 있으며 그 원리들은 수많은 구조물을 만들어 낸다.

즉 변수들이 조합될 때 무한한 현상을 만들어 낸다. 던져진 돌이 무한한 결과를 만들어냄에도 불구하고 파장의 결과고 그 범주 안에서 구조화되듯이, 건축 또한 변수에 의해 결과물이 달라지더라도 건축이라고 하는 범주 안에 있으며 그 구조적 논리를 벗어나지 못한다. 여기서는 변수를 어떻게 조합하고 다룰 것인가를 생각하고 조합의 조건에서 변수를 적게 하여 공간을 구성해보고자 한다.

---

2) 증가된 변수는 순수 공간의 규칙도 있지만 부동산 시장에서 잘 팔리는 것, 건축비, 구조, 설비, 역사성 등 인문 사회 과학의 수많은 것들이 될 수 있다.

공간을 대상화하다 >> 공간을 편집하다

공간을 다루기 쉽고 가볍게 만드는 것은 중요하다. 공간이 그 자체로 너무 많은 의미를 함축하여 아무것도 없거나 안하는 것에 거대 의미를 부여하기도 하고, 고심하여 선 하나 긋고 그 결과물에 거대 담론을 담아 말과 결과물의 괴리 속에 헤매는 경우는 너무 흔한 일이고 누구나 한 번쯤은 경험해 봤을 것이다. 이런 의미의 바다에서 헤매다 보면 이미 마감은 다가와 있고 책상에는 선 하나 밖에 남은 것이 없어 괴로워한다.

의미를 잠시 유보하고 오히려 문장을 편집하듯 가볍게 하면, 즉 공간을 편집하면 적어도 형이상학적 의미의 바다에서 헤엄쳐 나와 형이하학적 대지[3]에서 실제 대상과 마주하며 악수하고 인사하고 대화를 나눌 수 있을 것이다. 단, 아무렇게나 편집되는 것이 아니라 문장에도 구조가 있고 글에는 문맥이 있듯이 건축도 또한 개연성 있게 편집되어야 한다.

공간을 편집한다는 것은 공간을 쉽게 다루기 위함도 있지만 대상화하기 위함도 있다. 어쩌면 이것이 더 큰 의미일지도 모른다. 시간, 공간, 생물, 무생물, 오브제, 텍스트, 소리, 빛 등 분류의 경계를 넘어 대상화가 되면 공간과 더불어 모든 것은 캔버스가 되고 대지가 되고 그 안의 구조가 된다.

모든 것이 대상화되고 객관화되면 순수 구조와 원리가 분명하게 보인다.

조건을 바꾸다, 의도적으로 비틀다 >> 사고의 확장을 꾀하다

설계[4]를 해 나가다가 의도적으로 조건을 바꿔 버리는 경우가 종종 있다. 대지[5]를 하늘에 매단다던가 같은 대지를 마주 본다던가 물이 대지를 치환한다던가 구조물의 일부를 없애 버린다던가 ……
생명체가 조건이 바뀌면 진화하듯이 구조물들이 변형되기 시작한다. 아무렇게나 변형되는 것이 아니라 그 조건에 대응하여 변형의 타당성을 찾아 유기적으로 변형된다. 잘못된 변형으로 도태되어 사라지는 것이 아니라 갈라파고스의 핀치새처럼 환경에 적응하여 살아갈 수 있게 변형된다.

---

3) 형이상학적 바다는 손에 잡히지 않음을 말하고, 형이하학적 대지는 실제적으로 다룰 수 있는 물리적 대상을 말한다.
4) 집, 학교, 문화센터, 병원, 오피스 등의 범위의 설계뿐만 아니라 구조적 기능적 의미론적 생각으로 만들어진 구조물의 원리의 결과물을 포함한다.
5) 건축 법규상의 대지 뿐 아니라 설계를 할 수 있는 기저(조건)를 갖춘 대상을 대지로 본다. 그림, 물, 무중력, 돌, 빛 등 또한 대지가 될 만한 충분한 조건을 갖고 있다.

도형 그리고 공간

공간을 자유롭게 혹은 가볍게 다루기 위해 공간의 변화와 구조에 대해 생각해본다. 이것은 새로운 공간을 만들기 위한 것이 아니라 공간을 구성하기 위한 원리, 규칙을 발견하고 그 도구로 공간을 편집하고, 꼴라쥬하고, 만들기 위함이다.

우리는 공간에 놓여 있다. 그러나 우리는 그 공간을 직접적으로 인지하거나 알 수 없다. 우리가 인식하는 것은 도형이다. 즉, 도형이 놓인 자리에서 그 도형의 변화된 성질을 연구하여 그 공간을 유추할 수밖에 없다. 어떤 대상이 속한 공간에서는 그 대상에 작용, 변화를 가했음에도 불구하고 그 성질, 구조가 유지될 때 그 공간의 속성을 알게 되는 것이다. 도형의 성질 속에서 공간의 원리를 보는 것이다.

예를 들어 사람을 그리라고 하면 우리는 입체적 형태를 그 사람과 똑같게 그리려고 애쓴다. 그려진 사람이 얼마나 닮았는가에 따라 타인이 구별하기도 하고 못하기도 한다. 그러나 유아기 어들에게 엄마를 그리라고 하면 졸라맨을 그려 놓고 흡족해 하며 엄마라고 말한다.

둘 다 사람을 그린 것이지만 표현하는 방법이 다르다. 공간적으로 분석해 보면 입체적 사람은 고도의 이성과 학습에 의해 습득된 지식으로 좁은 범위의 공간 안에서 그린 그림이고 유아가 그린 그림은 본능적으로 형태를 연결도만 가지고 그린 그림이다. 그리고 공간의 범위도 더 포괄적이다.

앞의 것이 유클리드공간[6]에서의 플레이라면 뒤의 것은 위상공간[7]에서의 표현이다.

이렇듯 공간은 그 자리에 그냥 있다.
그러나 그 공간 속에 놓인 대상물의 여러 가지 상태에 따라 이러저러한 공간으로 분류된다.

---

6) 그리스 수학자 유클리드의 기하학 원론에서 나온 말로 절대 공간을 말한다.
7) 비유클리드 공간의 대표적 공간이고 유클리드 공간을 포함하는 공간이다. 그리고 상대 공간디다.

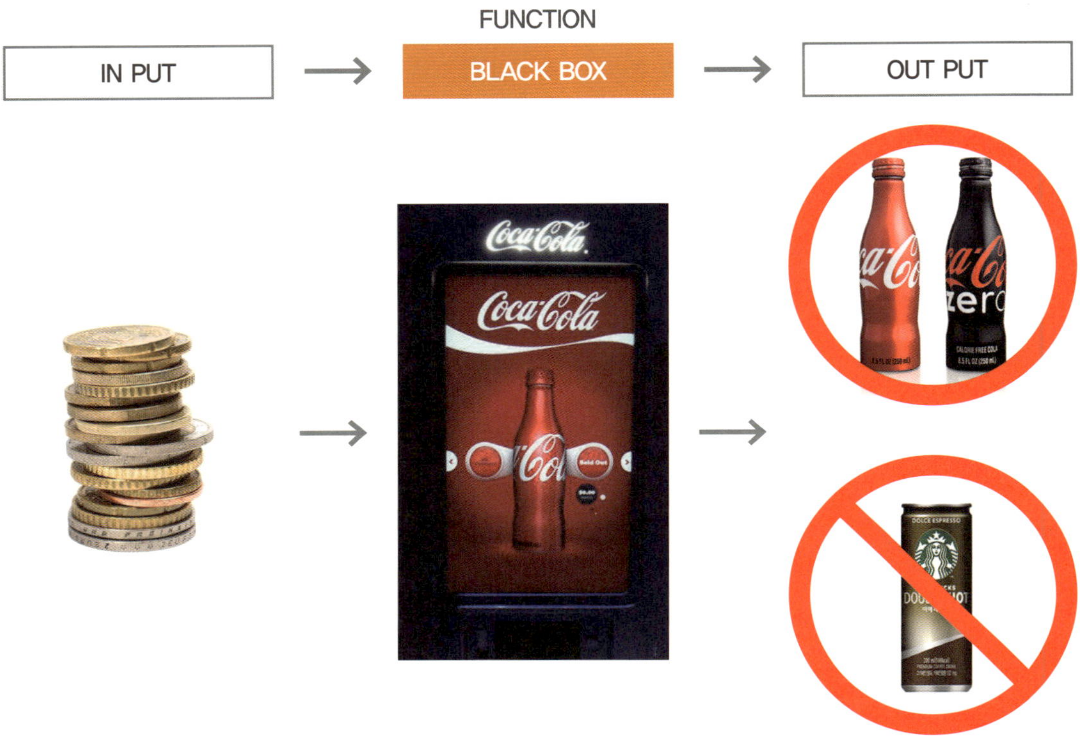

치환하다

함수FUNCTION, 변환TRANSFORMATION: 작용, 기능
자동 판매기 같은 블랙박스 장치
하나의 원인에 대한 하나의 결과

사상寫像, 맵핑mapping 다(多) ⟶ 1 or 1 ⟶ 1 대응
x가 f에 의해 y에 대응 f : x ⟶ y or y = f(x)
두 집합 A, B의 원소가 f에 의해 대응 f : A ⟶ B

함수가 도형을 이루는 점 집합 사이의 대응으로 다루어 질 때 변환變換이라고 부른다.
즉, 도형의 변환이란 한마디로 도형 F를 도형 F로 옮기는 것을 말한다.
점 집합 F로부터 점 집합 F로 대응(사상)이 된다는 것이다.

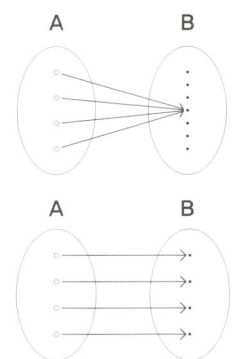

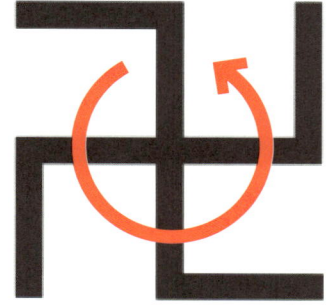

*	l	x	y	z
l	l	x	y	z
x	x	y	z	l
y	y	z	l	x
z	z	l	x	y

항등 = l, 90° = x, 180° = y, 270° = z 회전에 대칭이다.
'권'를 대칭으로 만드는 집합 {l, x, y, z}
집합 {l, x, y, z}의 원소 중 어느 둘을 작용시켜도 그 집합 안의 원소와 동일하다.

집합 {l, x, y, z}는 연산 * 에 닫혀 있다.

치환되는 것은 규칙이 있다

군GROUP: 전체로서 하나의 짜임새를 갖게 되다. (구조)
공사장의 재료들은 서로 아무런 관계가 없지만 건물이라는 구조물 속에서 관계를 형성한다.

임의의 어떤 연산 ' * '에 대해 다음 조건을 만족하는 집합이 있을 때
그 집합을 연산 ' * '에 군을 이룬다고 한다.

임의의 원소 a, b가 이 집합의 원소일 때, a * b도 이 집합의 원소이다. 집합이 연산 * 에 닫혀 있다.
임의의 원소 a, b, c가 이 집합의 원소일 때, 결합법칙 (a * b) * c = a * (b * c)가 성립한다.
임의의 원소 a가 이 집합의 원소일 때, 다음 식을 만족하는 원소 l가 오직 한 개 존재한다. a * l = l * a = a
(이 원소 l를 단위원 이라고 한다.)
임의의 원소 a가 이 집합의 원소일 때, 다음 식을 만족하는 원소 a^{-1}이 오직 한 개 존재한다. $a * a^{-1} = a^{-1} * a = l$
(이 원소 a^{-1}를 원소 a의 역원이라고 한다.)

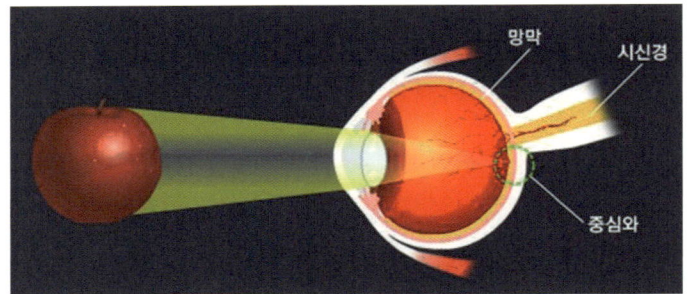

FUNCTION: 사상 - mapping

빛의 경로: 사과 - 각막 - 동공 - 수정체 - 망막(시세포) - 뇌
(치환: 파동, 입자   전기   영상)

모든 것을 치환하여 인지한다

정보를 얻는 도구로써 지도
1과 2의 지도에서 지하철역 연결도의 관점으로 지도를 보면 모두 같은 정보를 공유하고 있으므로 같은 지도로 인식 가능하다.
그러나 지하철역의 연결도에 위치정보와 거리 개념이 추가된 관점에서 보면 같은 지도라고 말할 수 없다.

다른 정보를 얻는 도구
지구 표면을 일정한 비율로 줄여 약속된 기호에 의해 평면 위에 나타낸 그림이 일반적인 지도의 정의라고 한다면 3의 지도는 일반적인 개념의 지도이다. 그러나 4와 같은 공간을 빛의 양과 위치라는 규칙으로 만들어진 빛의 웅덩이[8] 지도는 일반적인 거리 개념의 지도와 다르다. 이는 거리 개념의 규칙이 아닌 빛이라는 질서로 만들어진 지도이며 공간이 빛으로 치환되어 인식된다.

---

8) 데니스 우드 저 '모든 것은 노래한다' 중 빛의 웅덩이 지도

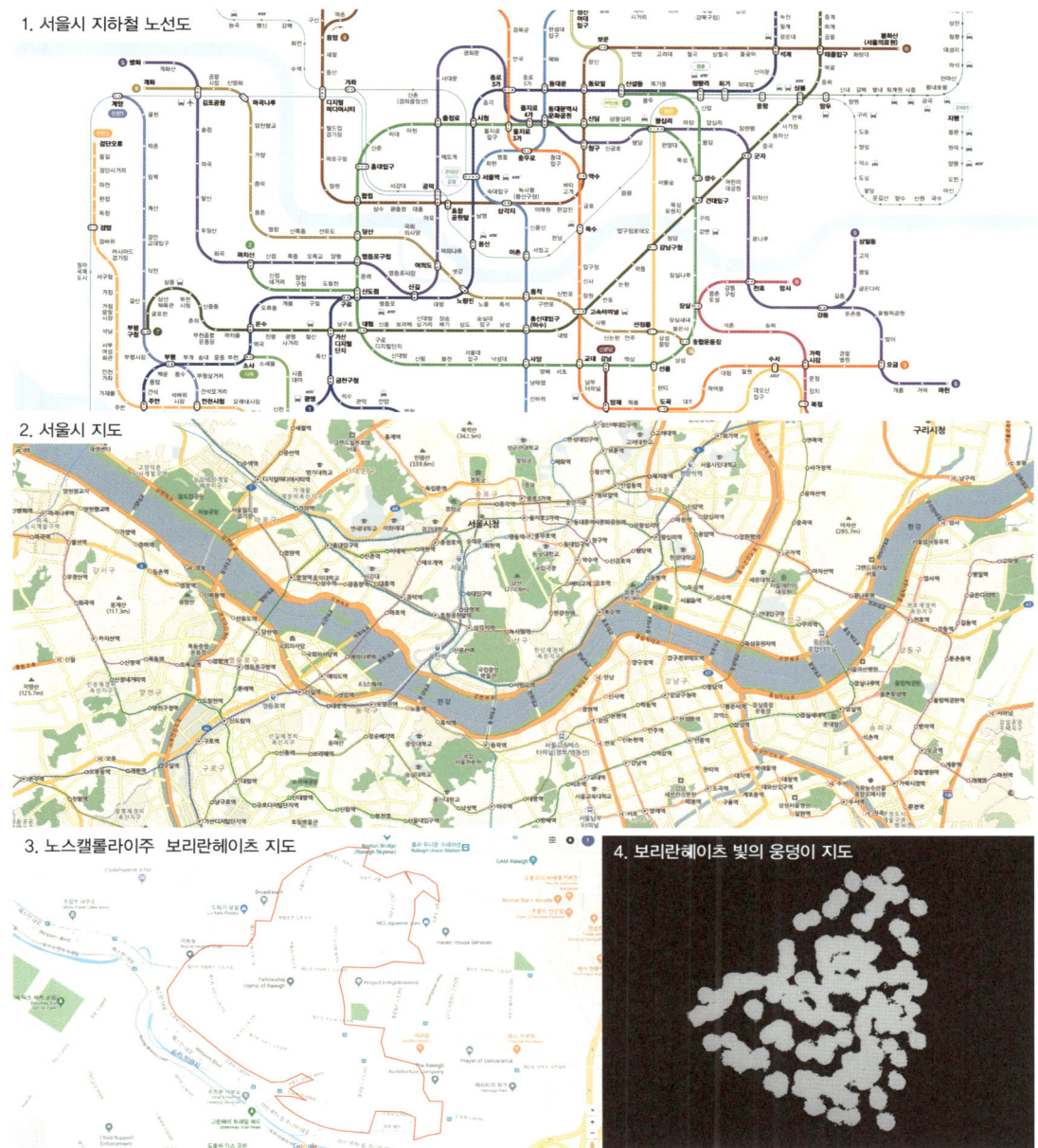

1. 서울시 지하철 노선도

2. 서울시 지도

3. 노스캐롤라이주 보리란헤이츠 지도

4. 보리란헤이츠 빛의 웅덩이 지도

변환군

공간 내에서 도형들 사이의 함수관계를 변환이라고 한다.
변환의 집합이 군의 구조를 지닐 때 변환군을 이룬다.
유클리드공간 ⊂ 아핀공간 ⊂ 사영공간 ⊂ 위상공간

유클리드 변환

유클리드 변환에도 도형의 성질은 변하지 않는다.
모양도 크기도 바뀌지 않는 성질.

도형을 이루는 점들 사이의 1:1 대응
선분이나 직선에는 역시 선분이나 직선이 대응
길이를 바꾸지 않는 대응

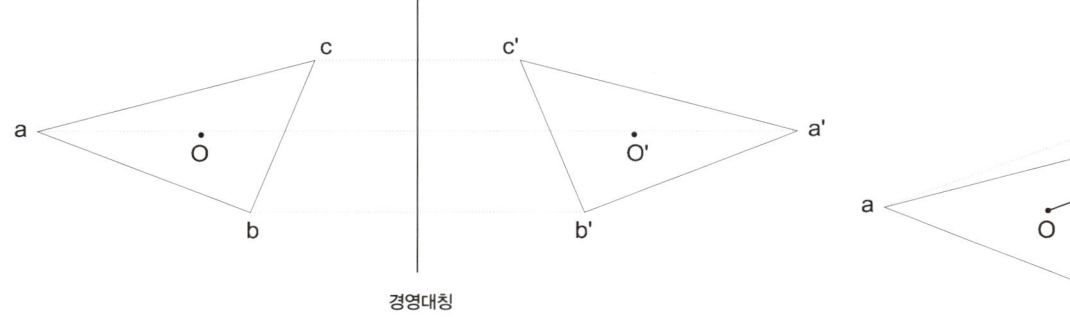

경영대칭

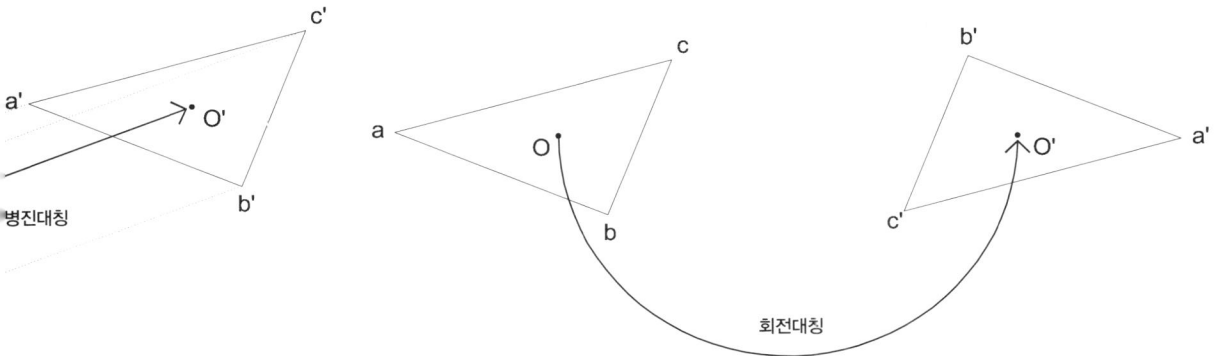

아핀변환

아핀 변환에도 도형의 성질은 변하지 않는다.
모양과 크기는 바뀌지만 직선은 직선에 대응하는 성질.

도형을 이루는 점들사이의 1:1 대응
선분이나 직선에는 역시 선분이나 직선이 대응
평행관계 대응

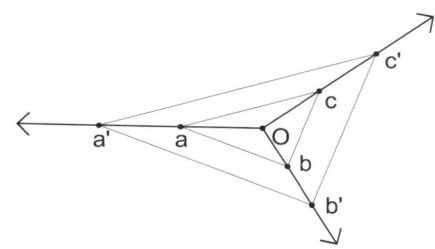

사영변환

사영 변환에도 도형의 성질은 변하지 않는다.
직선 끝에 무한 원점을 달다.
유클리드 평면에 무한원 직선을 달다.

도형을 이루는 점들 사이의 1:1 대응
선분이나 직선에는 역시 선분이나
직선이 대응

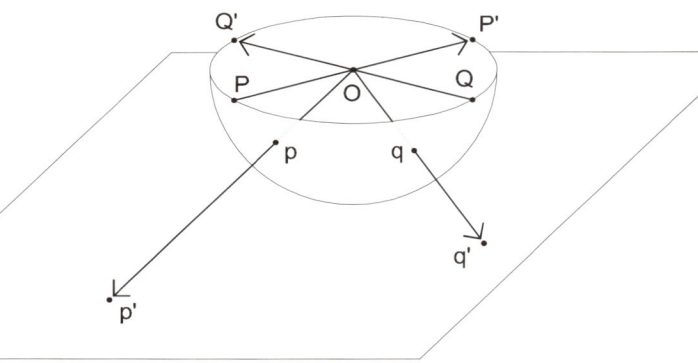

위상변환

위상 변환에도 도형의 성질은 변하지 않는다.
점들의 위치 관계만 있다.

도형을 이루는 점들 사이의 1:1 대응

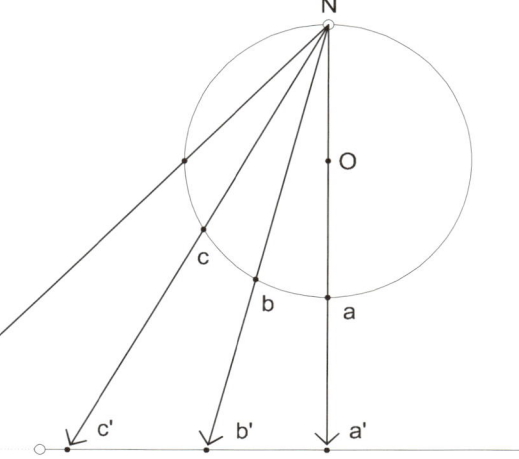

공간은 그 공간마다 규칙이 있다

여러가지 변환군: 여러가지 공간
한 공간은 변환군에 대하여 불변인 성질을 갖는다.

그 공간 안에서는 어떤 대상이 있을 때 이 대상을 변형시키거나
대칭시키거나 회전시켜도 성질이 변하지 않는다.

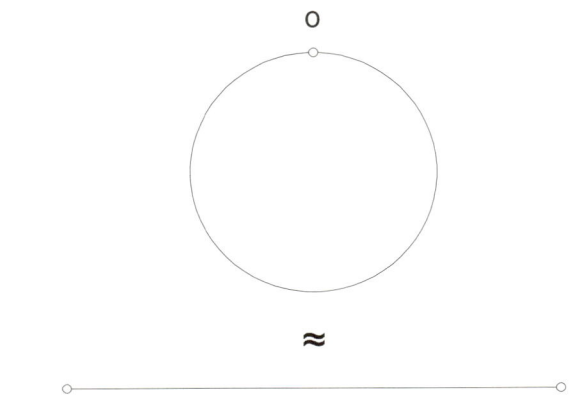

직선상의 모든 점은 O를 제외한 임의의 원주 주위와 1 대 1 대응이고,
함수가 연속이고, 역함수가 연속이다.

'같다'라는 것이 꼭 형태는 아니다

위상

상相: 도형 자체의 모습.
동상同相, (호메오머픽 homeomorphic):
   떨어져 있는 선이나 점들을 잇는다든지,
   이어져 있는 선이나 점들을 떨어져 있게 하지 않고 변형할 수 있는 도형.
   같은 도형 ≈.

위位: 공간상의 위치까지 놓고 도형의 모습을 생각하는 것.
동위同位, (아이소토픽 isotopic): 위치상 서로 같은 도형.

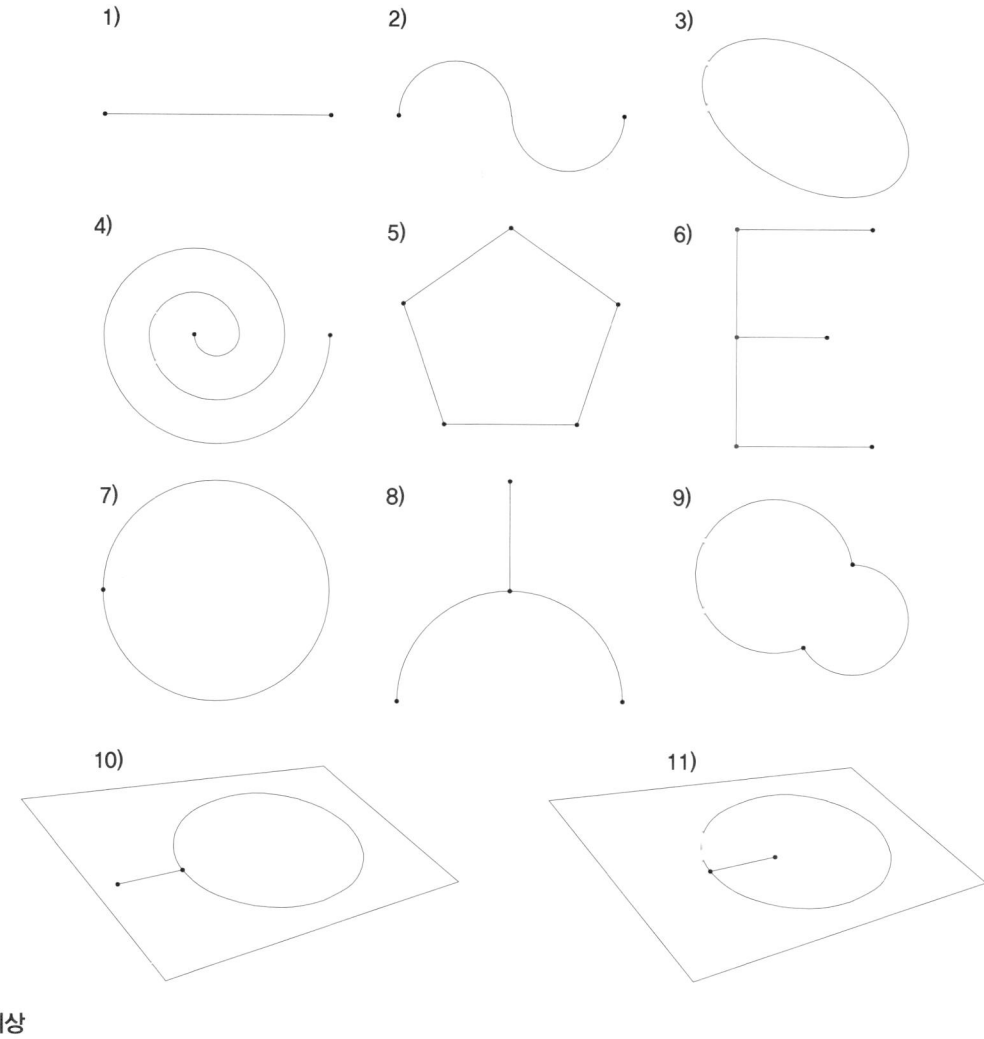

위상
1) ≈ 2) ≈ 4)
3) ≈ 5) ≈ 7) ≈ 9)
6) ≈ 8)

10)과 11)은 동상이지만 평면상에서는 동위가 아니고, 공간상에서는 동위가 된다.

ORGANIC SYSTEM _ 2012.02

재료는 힘의 원리를 잠재하고 있다

탄성을 가진 재료는 탄성이 필요한 곳에 쓰이면 된다.
즉, 재료가 가진 물성이 쓰임의 장소를 찾는다.

위치에 따라 같은 재료도 다른 힘이 작용된다.

	SUPPORTED	CANTILEVER	SUSPEND
LINE			
PLANE			
VOLUME			

단위모형을 만들다

호감가는 대상을 찾는다.
이 대상은 형태의 원리나 작동의 원리를 지니고 있고 단위가 될 수 있는 구조물이어야 한다.
대상물은 한 단위로서 유기적으로 구조적 완결성을 가져야 한다.
대상물은 형태를 유지하기 위해 몸을 구성하는 재료들이 힘의 조합으로 구성되어 있다.
형태를 유지하기 위해 선택했던 힘의 원리와 흐름, 힘이 전달되는 부재, 재료를 분석하고 대상을 대체하여 단위모형을 만든다.
즉, 하나의 구조를 지닌 군을 만든다.

집합구조물을 만들다.
기본단위들의 반복을 통해 조합의 원리를 찾고 군이 될 수 있도록 한다.
반복을 할 때 무난히 덧붙이는 것이 아니라 형태와 크기가 한정 지워지며 군의 한 부분으로서 역할을 부여받게 되고 각 부분은 결합의 원리에 따라 다시 재결합한다.

변형을 만들다.
집합구조물들은 세상을 만나게 되며 그곳에서 적응하기 위해 변형되기 시작한다.
변형은 집합구조물이 가지고 있는 잠재적 힘의 원리로 변형되는 것이다.

계를 만들다.
집합구조물들은 다른 집합구조물들과
별개로 존재하는 것이 아니라 같은 공간에 존재한다.
다시 다른 군의 원리로 재결합한다.

Turtle _ Movement : 고훈재

거북류는 특수한 피부와 등딱지로 몸을 둘러싸고 있다.
몸을 보호하기 위해 거북이는 척추를 등딱지로 변화시켰다.
그리고 등딱지라고 하는 조건으로 그들의 움직임 또한 변화해 왔다.

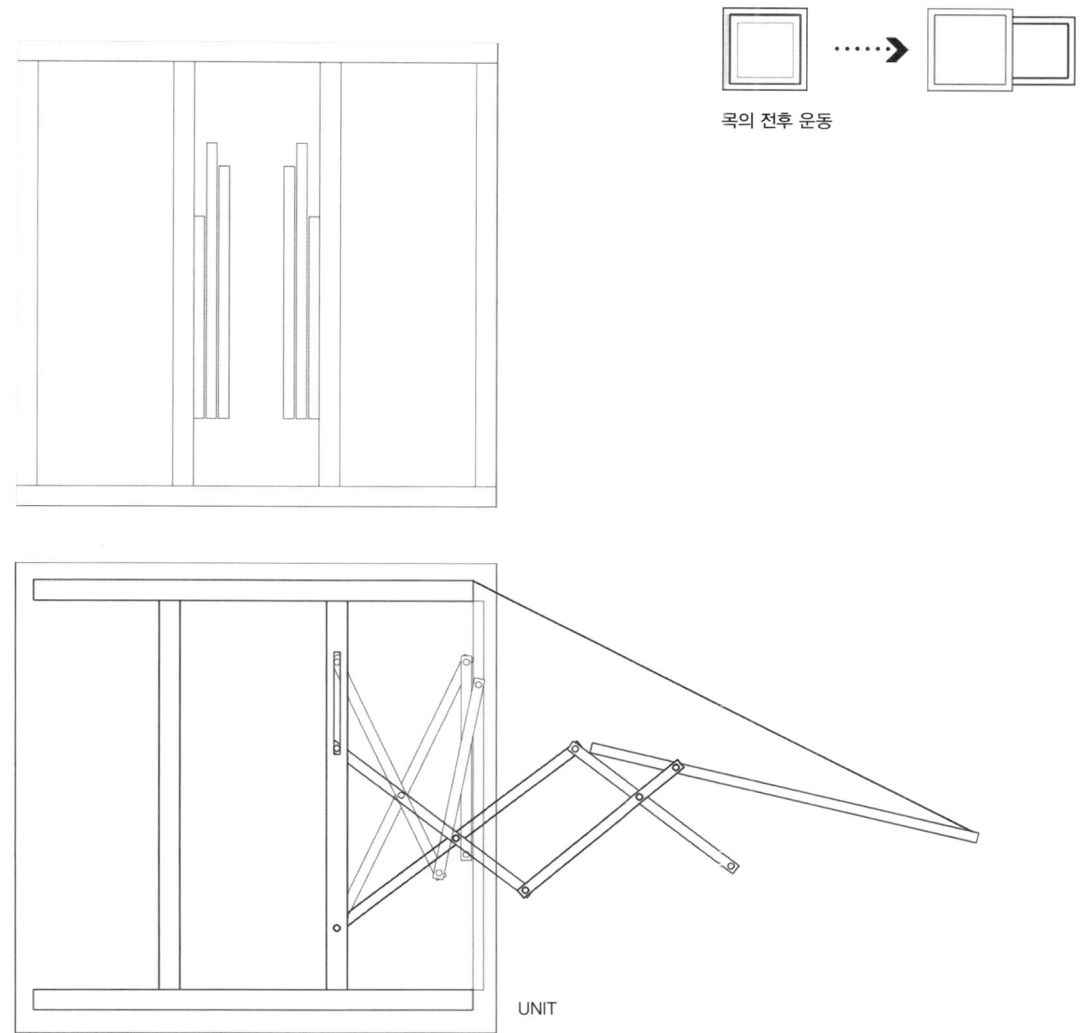

목의 전후 운동

UNIT

Turtle _ Movement

전후 운동을 할 수 있는 두 개의 구조물이 되다.

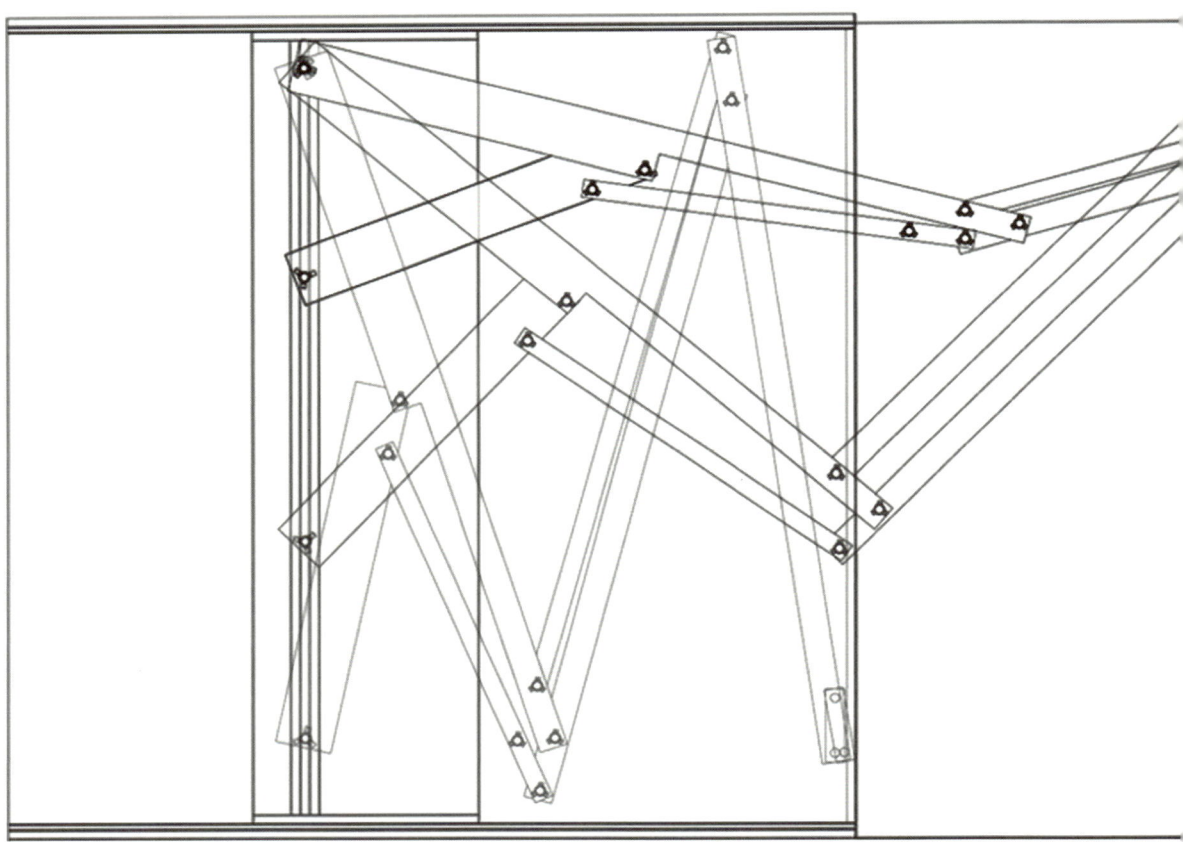

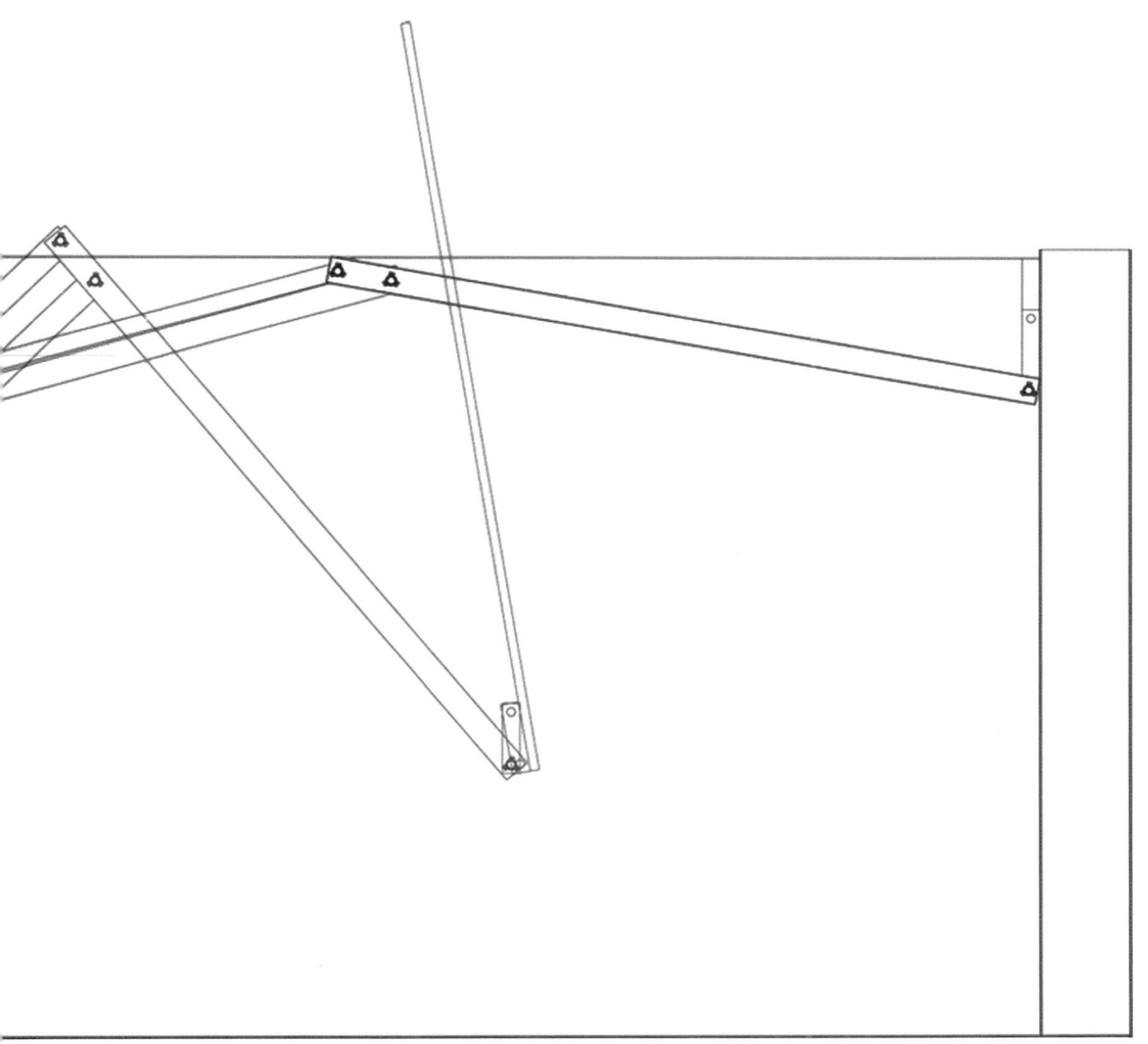

Site Adaptation: TO CROSS OVER
다른 공간으로 이동하다.

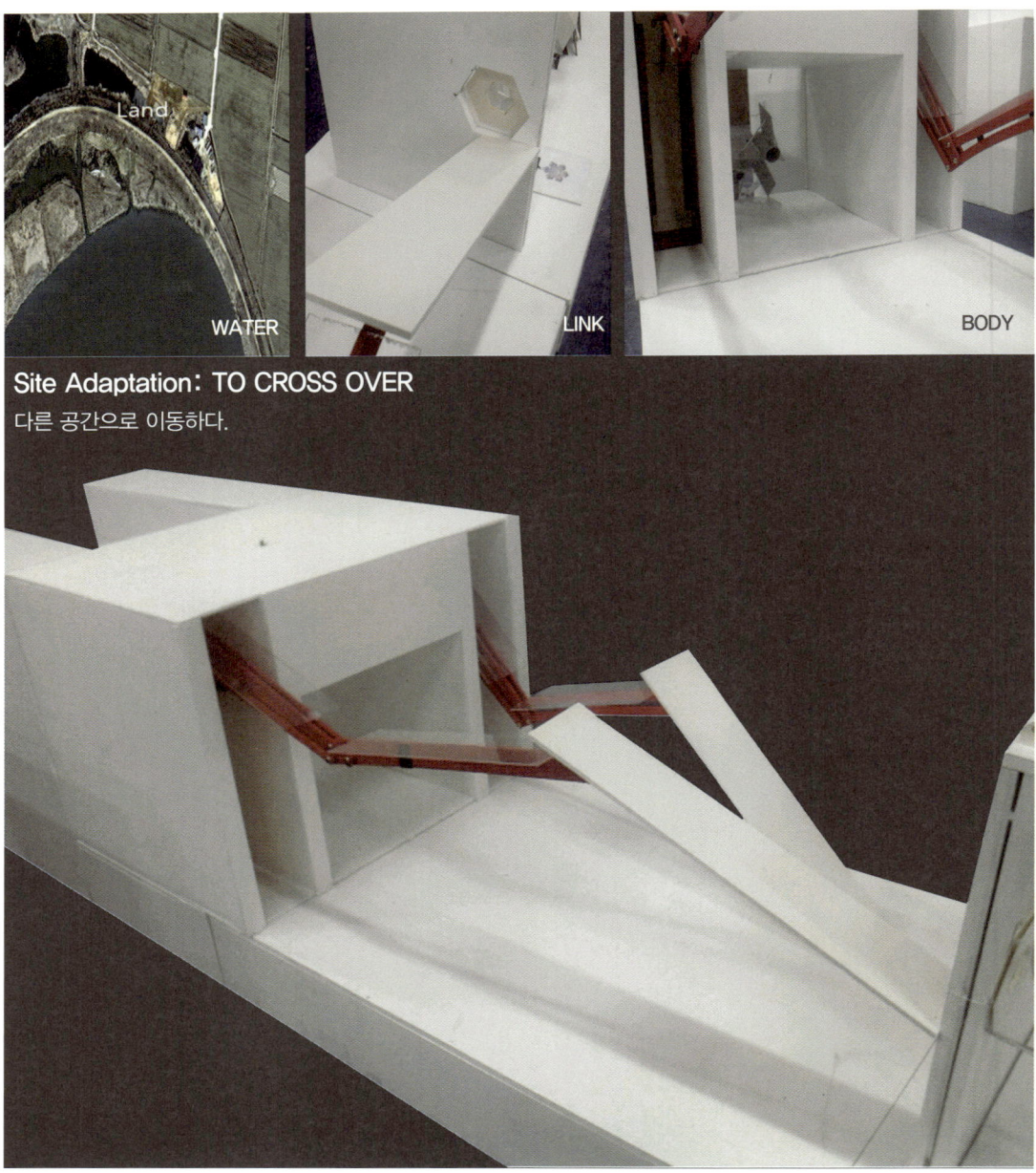

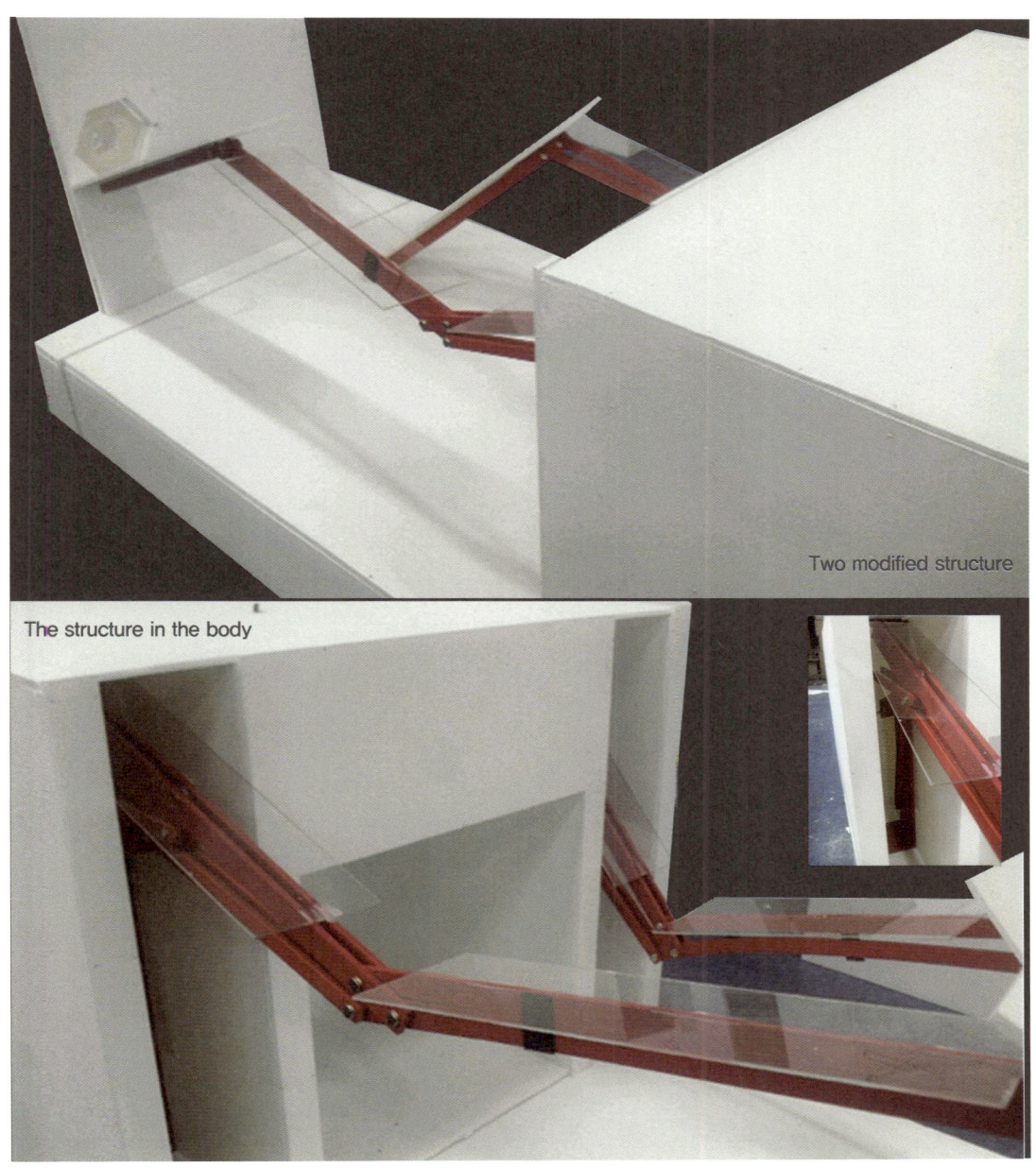

Two modified structure

The structure in the body

Stingray _ Movement : 김태희

딱딱한 뼈를 대신하는 질긴 피부와 가벼운 물렁뼈, 지방.
연골어류의 특징이다. 이 어류들은 부레 없이 쉬지 않고 떠 있을 수 있다.
이 움직임에는 규칙이 있다.

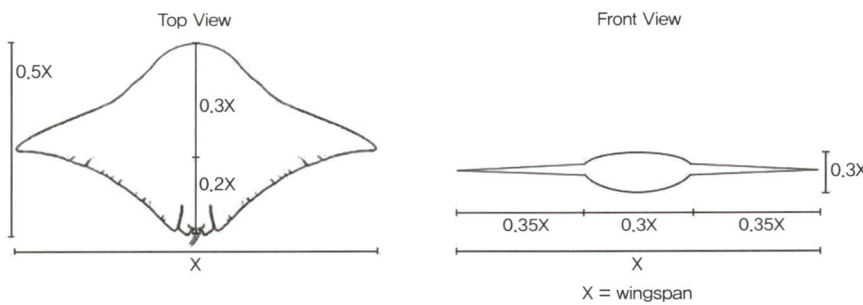

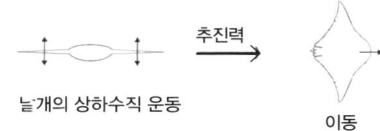

날개의 상하수직 운동   추진력   이동

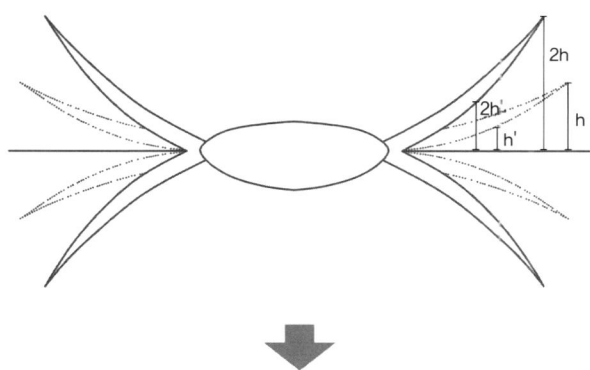

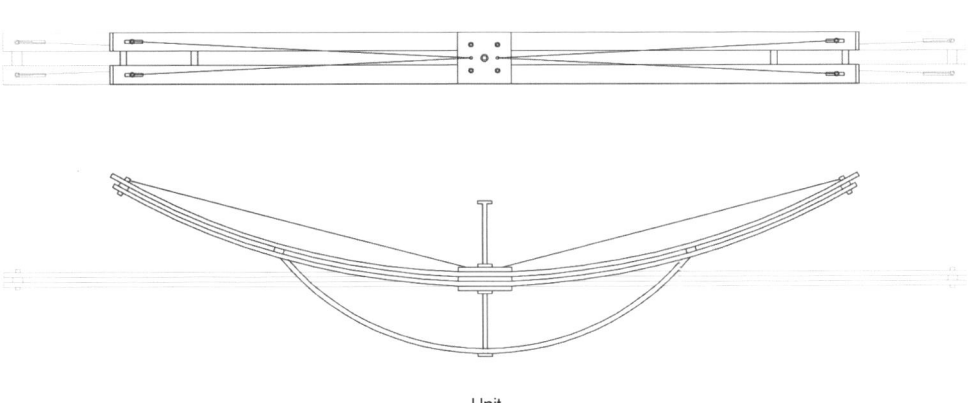

Unit

Stingray _ Movement

Connecting of Structure
단위 모형이 움직임의 범위 내에서 움직임을 재조합하다.

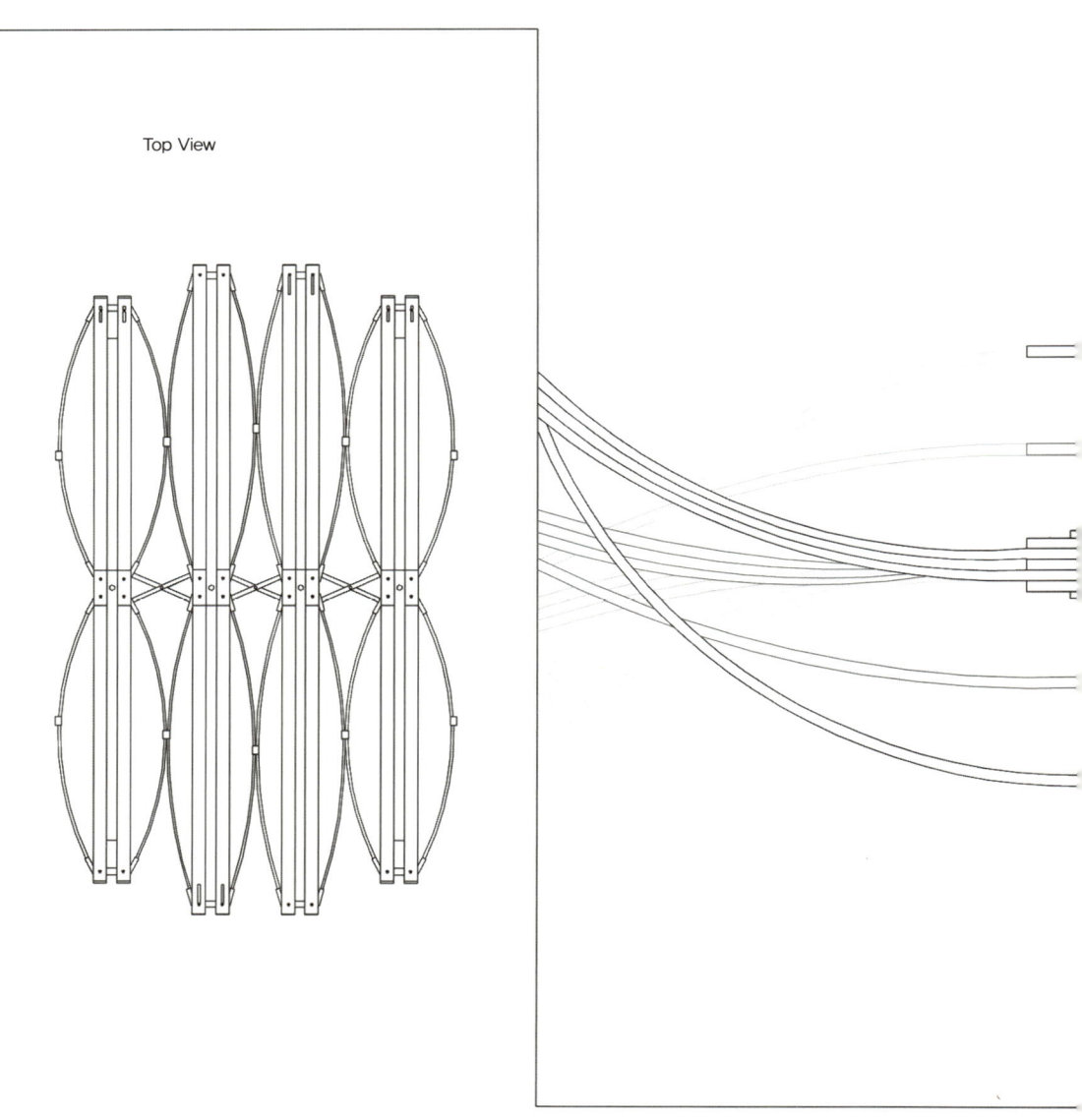

Top View

Front View

움직임의 원리로 재조합된 집합구조물은 떠있기 위해 변형된 구조물을 만든다. 변형된 구조물은 다른 것에서 오는 것이 아니라 그들의 잠재적 원리를 통해 변형되고 새롭게 적응한다.

Caterpillar _ Movement : 박자영

유골격과 다리는 수축근으로 연결되며
수축근이 구동되면 유골격은 수축근 구동을 위한 단단함을 제공하고 다리는 변형을 일으킨다.
수축근의 운동이 피스톤 운동으로 치환된다.

단위 모형이 하나여야만 하는 것은 아니다.

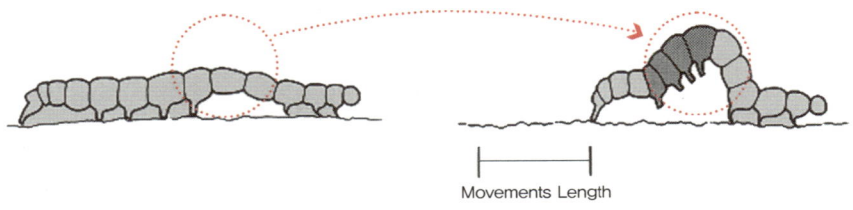

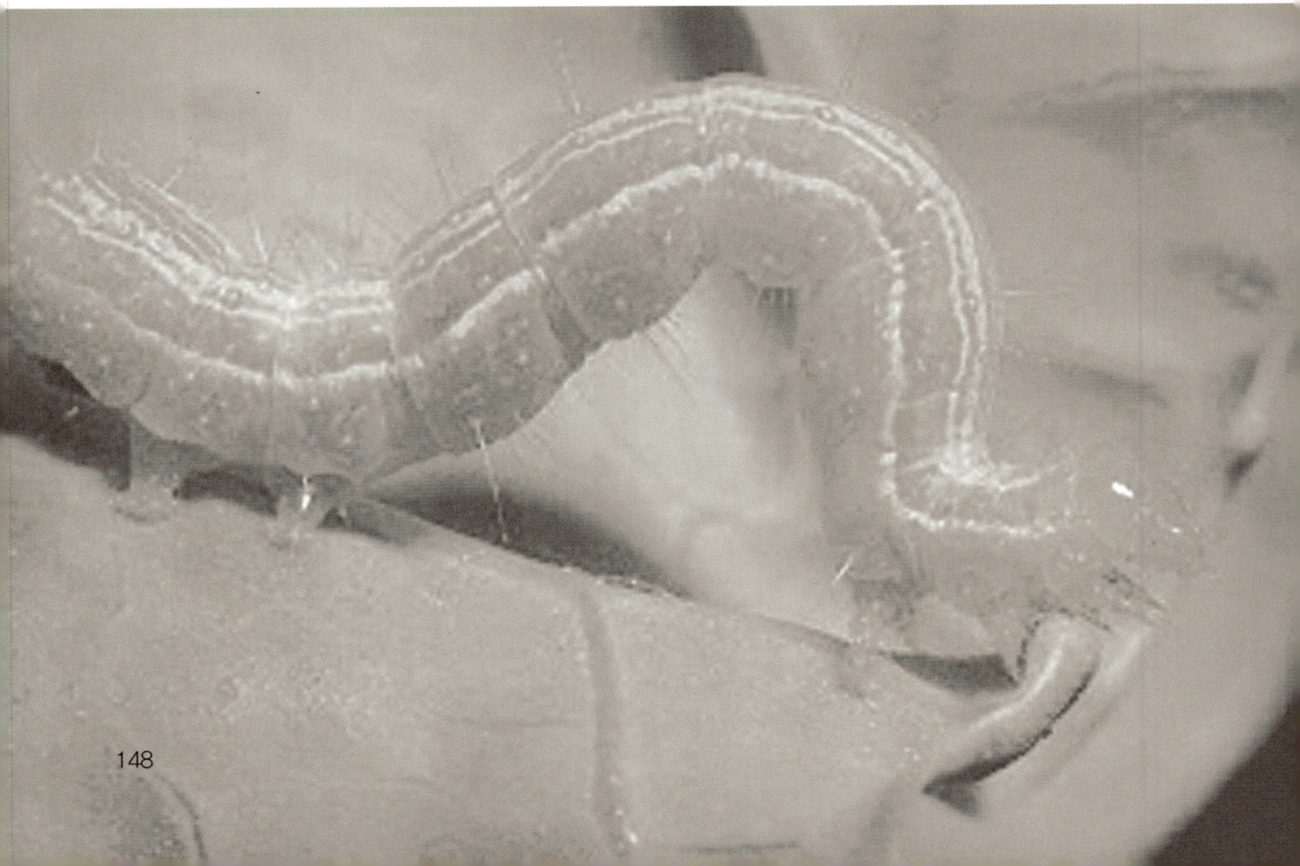

Piston Movements
Segment
Caterpiller Leg

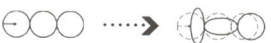

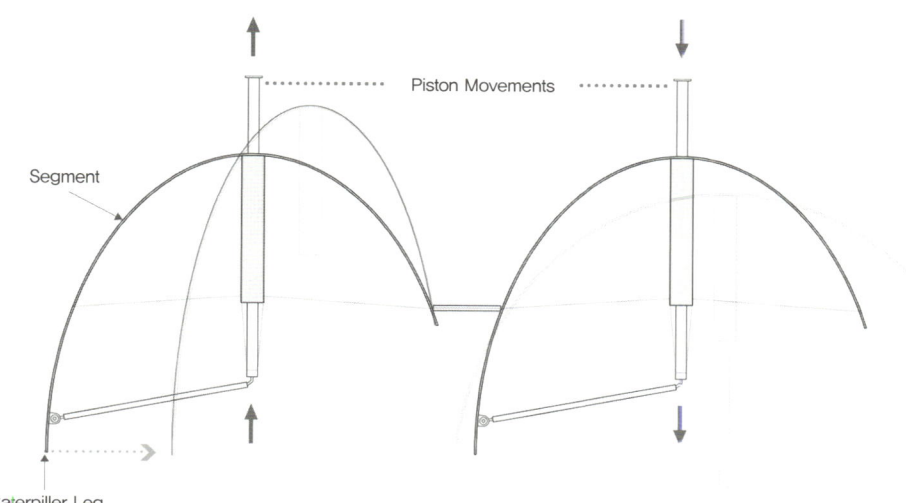

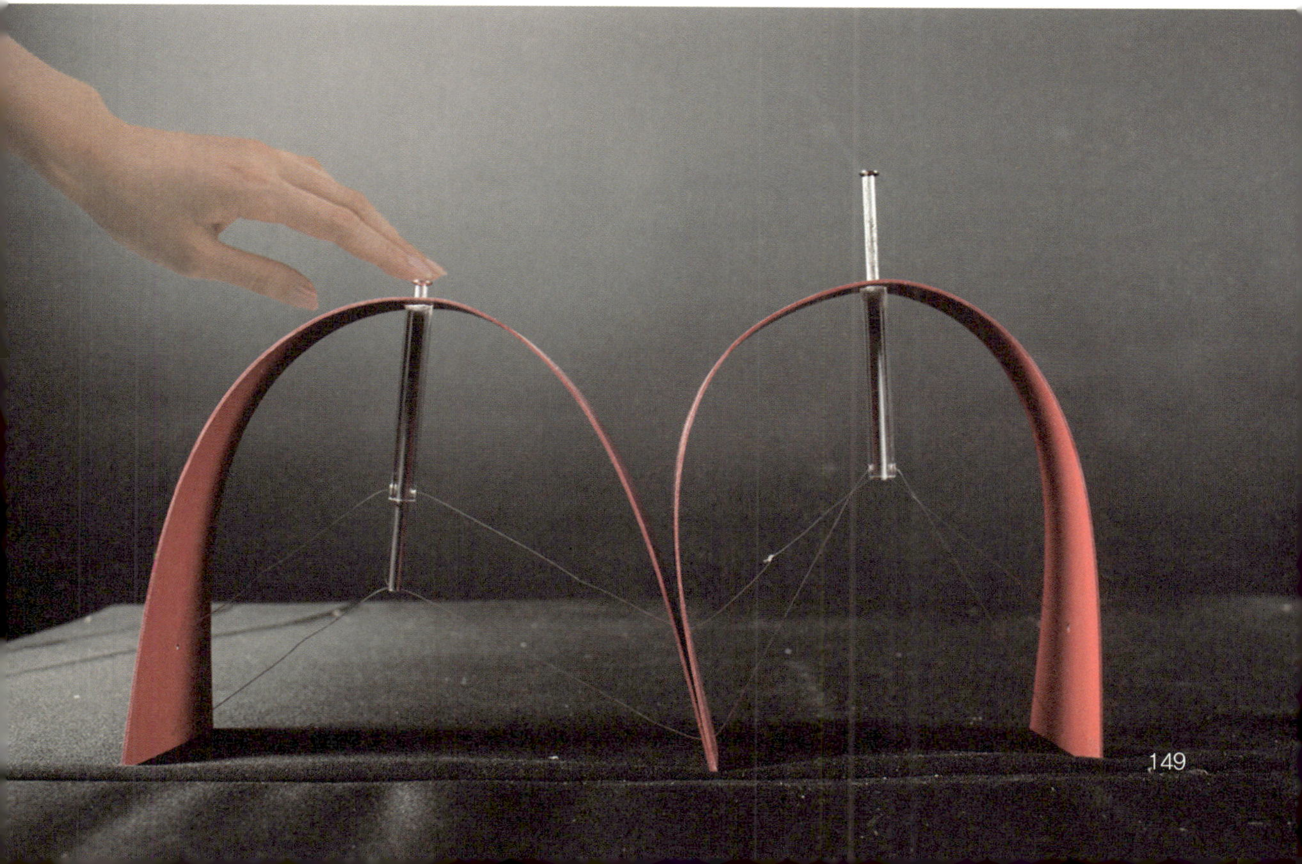

Caterpillar _ Movement

피스톤 운동이 모여 구부림의 운동을 만들다.
구부림은 펴짐을 전제로 하며 두 가지 형태를 구현할 수 있는 재료와 원리를 찾는다.

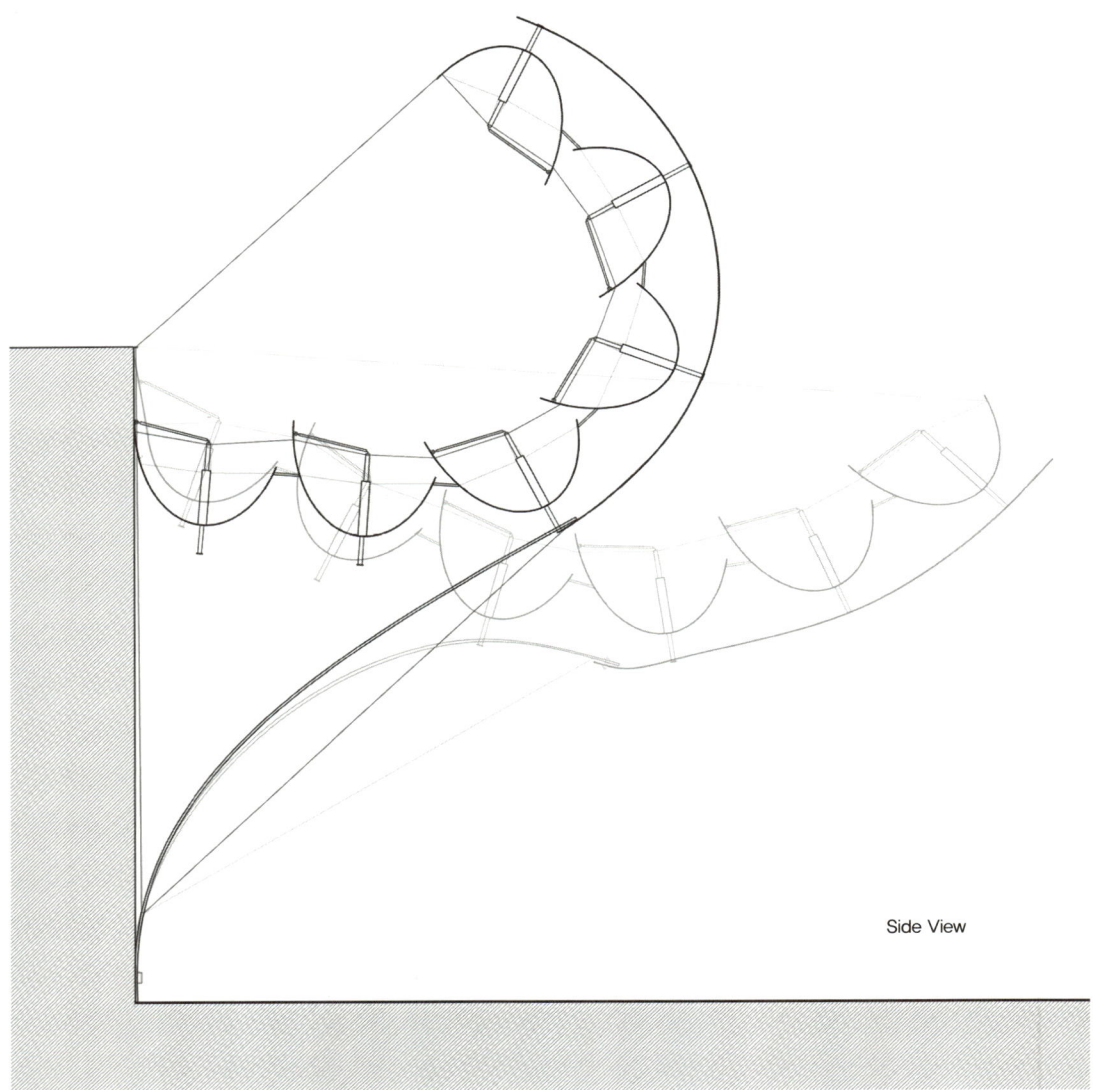

Side View

Top View

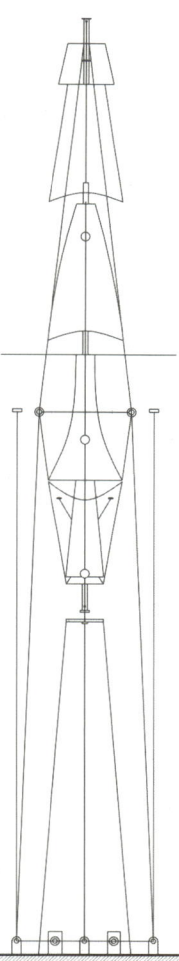

구부림은 상하운동을 대신하여 수직 환경에 적응할 수 있다.

Snow Crystal Shape : 서석준

눈의 결정체는 육각형이다.
그 육각형의 결정체는 바람, 온도, 습도 등 주변의 환경에 의해 결합하기도 하고 흩어지기도 한다.
결정체의 결합은 주변의 환경으로부터 구조화된다.
환경은 구조물이 결정하는 것이 아니라 주어지는 것이다.

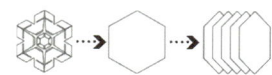

Random build
눈 결정들의 결합들은 무작위적으로 생성된다. 무작위적 생성값을 위해 실린더에 공을 굴려넣는 방법을 채택하였다.

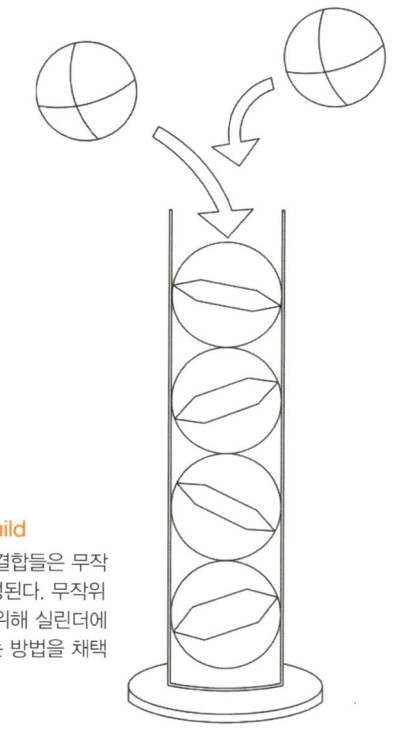

Rule 1
육각형의 가장 가까운 두 점을 압축부재로 연결한다.

Rule 2
육각형들이 서로 일정한 거리를 갖도록 탄성부재를 연결한다.

Rule 3
탄성부재로 인하여 넓게 벌어지는 부분을 인장력을 가진 부재로 연결한다.

Module
압축, 인장, 탄성을 가진 부재들을 결합해 하나의 모듈을 만든 후 반복하여 배열한다.

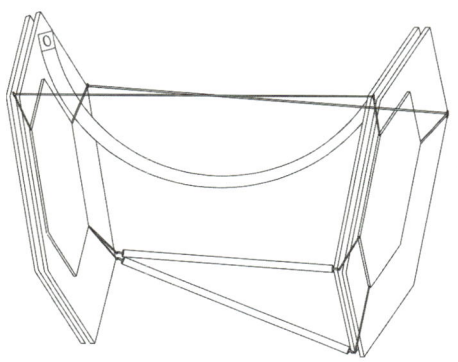

Snowflake Shape

형태를 유지하는 것에도 결합의 원리가 있다.
수직의 형태가 수평의 형태로 유지되려면 또 다른 변형된 재조합이 필요하다.

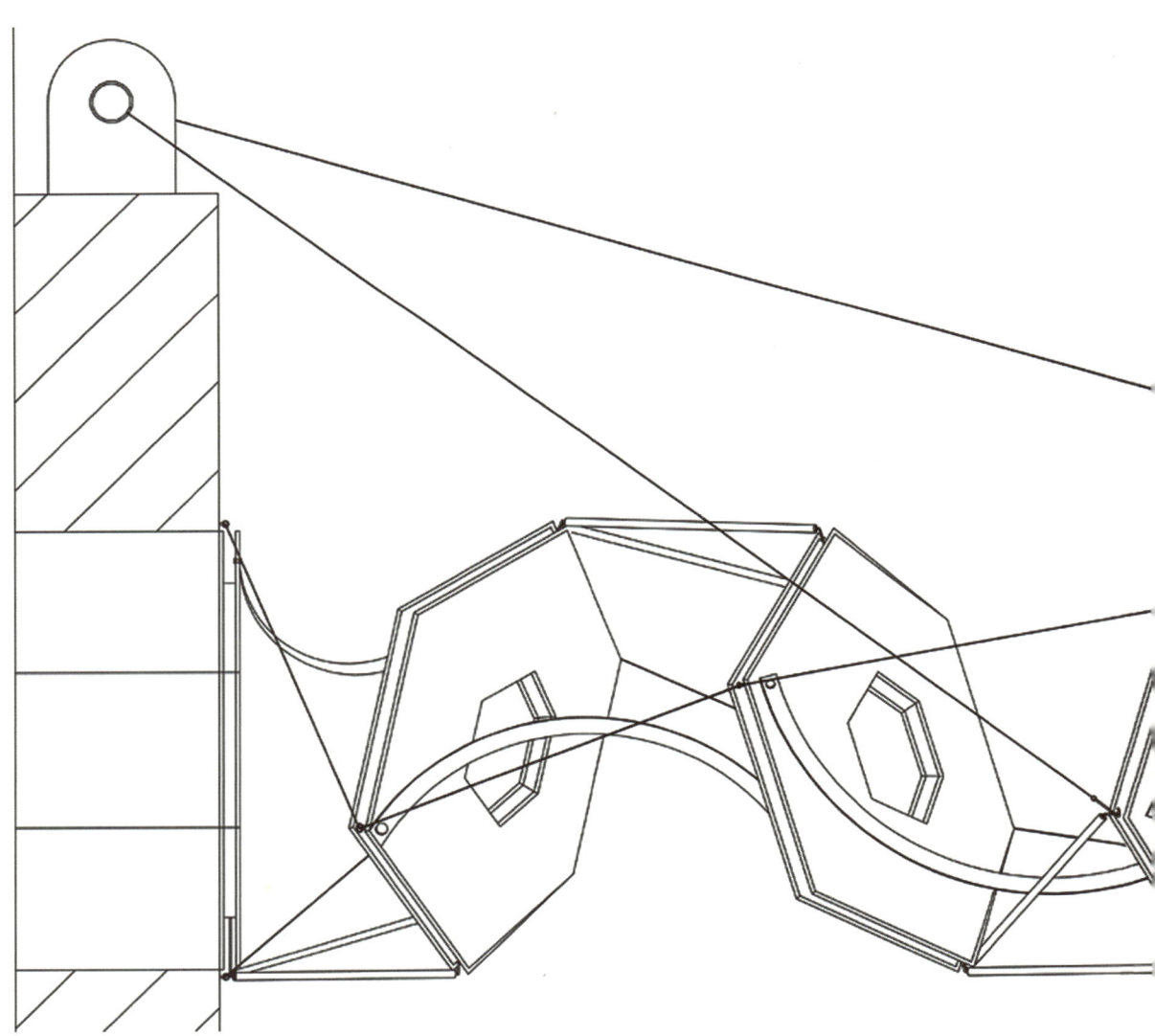

Section

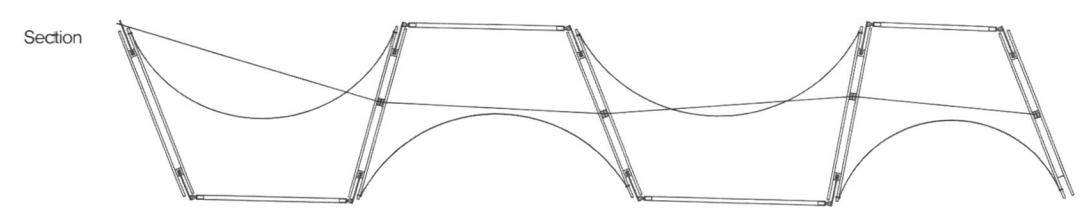

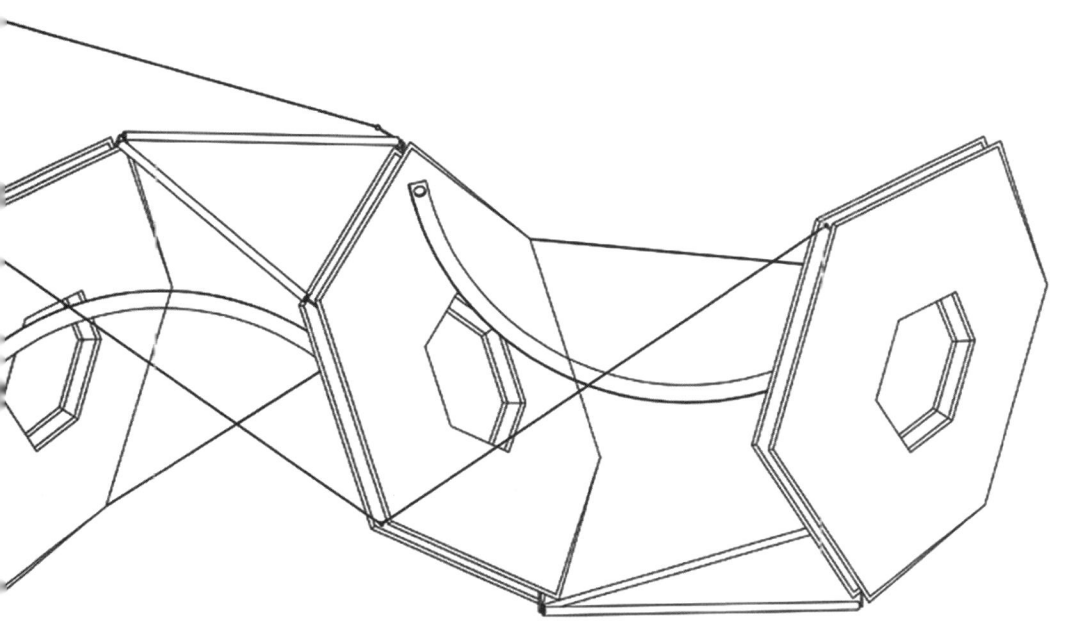

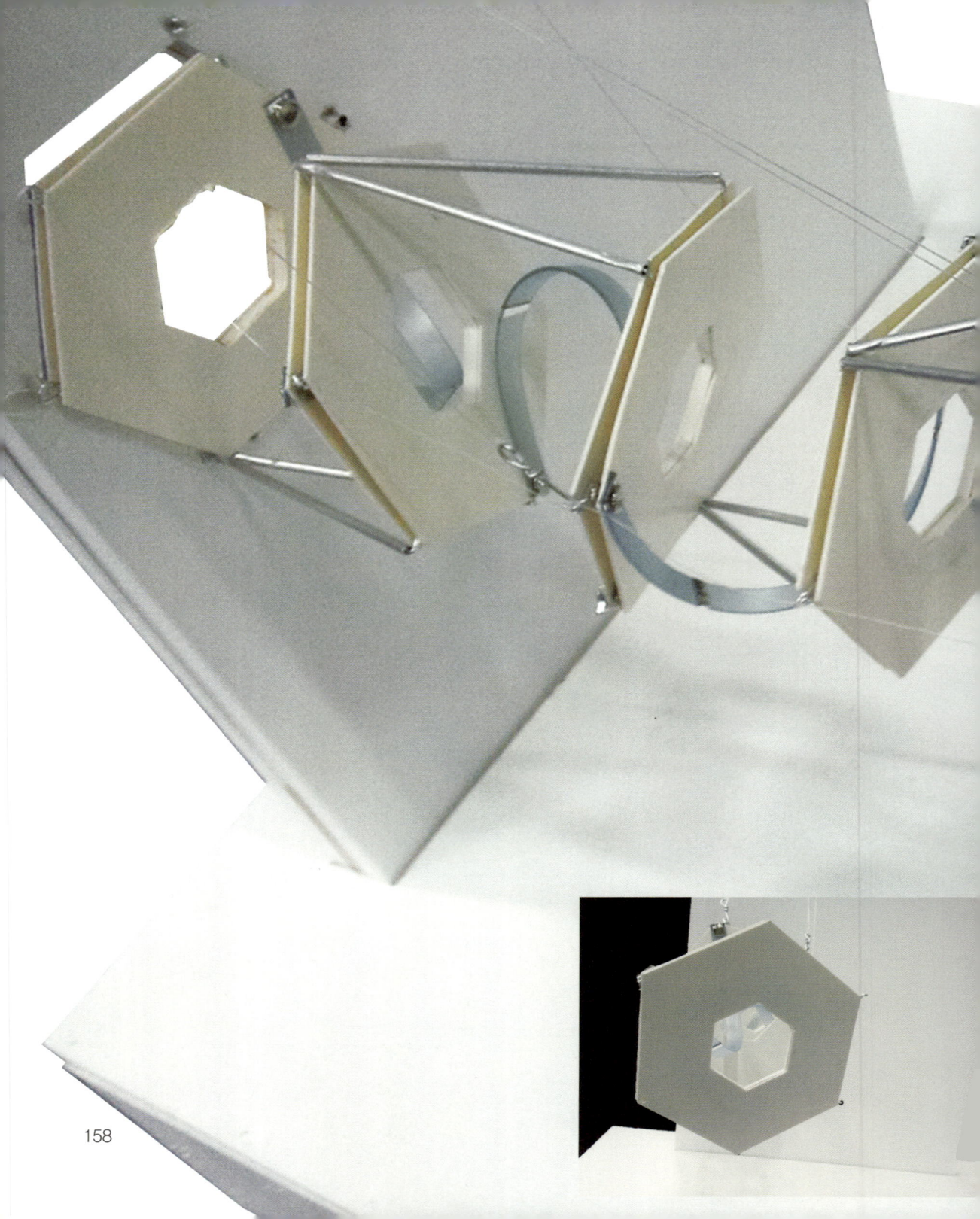

Cactus Movement : 이유리

물을 밖으로 뺏기지 않아야 하며 내부 구조에서 물이 움직여야 한다.
이 흐름이 단위가 된다.
물을 한 곳에 모으는 행위가 반복의 규칙을 만든다.

뾰족한 형태와 물을 모으는 행위는 필연적으로 아치구조를 만든다.

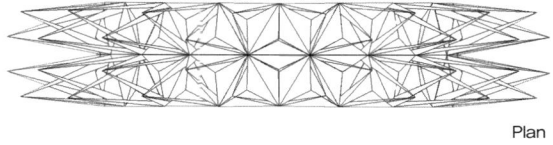
Plan

Elevation

아치 구조물로 재결합된 집합 구조물은
즉, 단위 모형과 단위 모형의 결합은 물을 공유하기 위함이다.

Invitation to an intellectual and creative adventure

Thomas Tilluca Han

지적 · 창의적 모험에의 초대

토마스 틸루카 한 | 번역: 강유원

Invitation to an intellectual and creative adventure

I write this short introduction in the hope of having it serve as an "invitation" to an intellectual and creative adventure in architectural thinking and making, in the 21st century.

Let this invitation go to those who are still learning the mysteries (and the grandeur, the charm, the beauty... but also the squalor and the brutality) of architecture.
I hope this can be useful to those who are still in school, and have not yet fully surveyed the vast continent of ideas called 'architecture.'

It is a scientific truth that we — our bodies — are made of the same stuff as the stars.
Not a particularly useful fact for most people in their daily lives, but still, there it is.
What are we to make of this fact?

Perhaps that, as we are made of the same stuff as the stars, so the stars share the same stream of Consciousness as we do... and that everything in this universe is connected to everything else.

So then, applying this principle, we can say how a social, cultural, and civilizational phenomenon as complex and historically meaningful as architecture might be connected to everything else in civilization — from bare necessity for shelter and protection, to religion and the grammatical struc-tures of language, to symbolization of collective psychological archetypes and social hierarchy, etc.

This brief introduction is not intended to "define" *what architecture is.*
But perhaps it could be useful to touch briefly upon HOW architecture exists, how IT occupies space in our minds (rather than always we in architecture, with our bodies only).
This may help us in pointing to something that makes architecture as an uplifting source of thinking and imagination — that dimension of existence (ontology) where architecture can become *fulgurant*, as something more than some idiotically mute thing in the street, or a real estate proposition only.... A dimension where architecture welcomes the mind to an unexpectedly rich world of IDEAS.

Architecture is not one thing. First of all, it is but a word; but more properly, it is a *name* — for a certain kind of mental webbing, and a degree of *intensity* of that webbing, and the various products that can issue from that intensity.

Often, this activity is aimed at the design and making of what we normally call 'buildings,' but archi-tecture is not limited to its own actualization in that form (of buildings) only. Why? Because, a building is not always difficult to make. But architecture is. Always.
Architecture is the "mother" that has given birth to, and provided for, many arts. A deeper study of architecture reveals this fact immediately: that all the arts — music, painting, sculpture, etc — came into existence with the support of architecture, and to enhance architecture.

지적 · 창의적 모험에의 초대

나는 이 짧은 서문이 21세기의 건축적 사고와 만듦에 있어서 지적 · 창의적 모험의 '초대장'이 되길 바란다.

이 초대장이 건축의 신비로움(장엄함, 매력, 아름다움… 또한 불결함과 잔혹함까지도)을 배워가는 이들에게 전달되었으면 한다. 아직 학교를 다니는 학생들과 '건축'이라는 광활한 아이디어의 대륙을 충분히 탐험하지 못한 이들에게 이 글이 도움이 되길 바란다.

우리가 - 우리의 몸이 - 별들과 같은 물질로 형성돼 있다는 것은 과학적 진실이다. 이 사실이 대다수 사람들의 일상생활에 특별히 필요하지는 않지만 그래도 그것은 엄연한 사실이다. 우리는 이 사실을 어떤 의미로 받아들여야 할까?

어쩌면 그것은 우리가 별들과 같은 물질로 만들어졌기 때문에 별들도 우리처럼 의식의 흐름을 갖는다는 것이고, 이 우주 만물은 모든 것이 서로 연결되어 있다는 것이다.

그렇다면 이 원칙을 바탕으로 건축처럼 복잡하고 역사적으로 의미 있는 사회적 · 문화적 · 문명적 현상이 어떻게 문명의 다른 모든 것과 밀접하게 연결되는지 말할 수 있다. 기본적인 의식주衣食住의 필요성에서부터 종교 및 언어의 문법구조, 집단 심리적 원형과 사회적 위계의 상징화 등등에 이르기까지 말이다.

이 짧은 서문은 *건축이 무엇인지* '정의'를 내리려는 것이 아니다. 하지만 건축이 **어떻게** 존재하는지, 어떻게 **그것**이 우리의 의식 속에 자리하는지(그저 몸만 건축 안에 있는 것이 아니라) 간단히 다룰 수 있을 것이다. 이 글이 건축을 사고력과 상상력을 고양시키는 원천이 되도록 하는 무언가를 제시해줄 수도 있다. 건축이 거리에 바보처럼 묵묵히 서 있는 것, 또는 그저 부동산 투자가치 대상이 아니라 훨씬 더 나은 것으로서 섬광을 발하는 존재의 차원… 즉 건축이 우리의 의식을 예기치 않게 **아이디어**라는 풍부한 세계로 영접하는 것과 같은 차원이라 할 수 있다.

건축은 단순한 것이 아니다. 우선, 그것은 하나의 단어에 지나지 않지만, 좀 더 적절하게 말하자면, 일종의 의식의 직조織造에 대한, 그리고 그 엮음의 *강도*와 그 강도에서 생길 수 있는 다양한 산물에 대한 *이름*이다.

흔히 이 행위는 우리가 보통 '건물'이라고 부르는 것을 디자인하고 만드는 것을 목표로 한다. 하지만 건축은 단지 그 (건물의) 형태의 실현에만 국한되지 않는다. 왜? 건물은 대개의 경우 만들기가 어려운 것은 아니기 때문이다. 하지만 건축은 만들기 어렵다. 언제나.

건축은 많은 예술을 낳고 영감을 주는 '모태'가 된다. 건축을 좀 더 깊이 고찰하면 이러한 사실이 당장에 드러난다. 말하자면 음악, 회화, 조각 등 모든 예술은 건축이 지탱해 주기 때문에 존재하고 건축을 고양시키기 위해 존재한다.

No matter how much or how little one understands about architecture (what it was, what is is, how it is done, etc), we can reasonably assert that everyone has some intuition of what counts as "important" when it comes to architecture serving as a kind of 'historical marker' in the progress of any given civilization's historical journey.

That everyone has this intuition is in itself something mysterious... and positive.
But marking and claiming something as "important" is merely a subjective act, not a matter of absolute necessity, or provable fact. The character of any culture is largely framed, not just by the language that its inhabitants share in common, but by the gaseous presence of this very *inter-subjective* feeling regarding what is (and is not) "important" in life.

The very presence of this intuition in consciousness indicates an innate, preconscious sense of "order" and "orientation" within the mind; and as such, it implies that the mind already participates in this immanent "other dimension" we spoke of earlier. This intersubjective feeling is what allows every culture to construct one value system, as opposed to some other; one particular world, as opposed to some other; one kind of architecture as opposed to some other. Etc

So, then is architecture "important" (to us)? Yes? No?
If "yes," how so? In what way? Easy to ask, but many find it hard to answer in a broad and deep way that goes beyond just "personal feelings."

After a certain point, collectively shared feelings must become articulated by advancing into material reality, in order for a culture to advance intellectually, so that it may actually *see the evidence* of its uniqueness and "genius." This evidence (as transmissible *know-how*), alone is what confers the right to that culture to celebrate its unique identity as expressed through its unique sensibility and "orientation." This material evidence of intelligence is what makes the transmission of culture to future generations "important." Everything else is just wind... and dust, from the stars or not.

Is architecture "important"?
Nothing is important by itself. It is only in our relationship to the world, and to our own aspirations, that makes any given thing important *for us*. It is said: "Man does not live by bread alone." Why not? What else does he need? Are we not merely animals? What are the other things that Man needs to complete, and make his life worthy of his status as a human being? Why was architecture (historically speaking) always allied with this very question — the meaning of 'being human' — by aspiring to more than just an animal existence, content only with reliable shelter and a secure food supply?
Perhaps a part of the answer can be found here, in Aristotle's statement about Man being a "political animal" and the human need for society: *"Whosoever is delighted in solitude is either a wild beast or a god."* Indeed, the identity of Man is somewhere in between those two extremes, with a need for cooperation with others for the purpose of creating a better life.

건축에 대해 (그것이 무엇이었는지, 무엇인지, 무엇으로 남았는지 등) 많이 알든 적게 알든지 간에, 건축이 문명의 역사적 여정이 진행되는 과정에서 일종의 '역사적 지표指標' 역할을 할 때에, 사람들은 그것이 '중요'하다고 직감한다.

모두가 이런 직감을 가지고 있다는 것은 그 자체로서 신비롭고... 긍정적인 일이다. 그러나 무엇인가를 '중요'하다고 표시하고 주장하는 것은 주관적인 행위일 뿐이며, 불가결한 것도, 개연성 있는 사실도 아니다. 어떤 문화이든 그 성격은 폭 넓게 틀지어진다. 그 틀은 단지 그 문화에 속한 사람들이 공유하는 언어에 의해서만이 아니라, 삶에서 무엇이 '중요'한지(아닌지)에 대한 상호주관적[1]인 감정의 분위기에 의해서도 만들어진다.

의식 속에 직감이 존재한다는 것은 우리 마음 속에 '질서'와 '방향성'이라는, 의식 이전의 선험적인 감각이 있음을 가리킨다. 그와 같이, 우리의 마음은 앞에서 말했듯이 모든 곳에 편재하는 '다른 차원' 속에 이미 참여하고 있음을 암시한다. 이 상호주관적인 감정이 모든 문화가 여타의 것들과 맞서는 하나의 가치체계를 구축하며, 여타의 것들과 맞서는 하나의 특정한 세계를, 여타의 것들과 맞서는 다른 유형의 건축을, 기타· 등등의 것들을 가능케 한다.

그렇다면, 건축은 (우리에게) '중요'한가? 아닌가?
중요하다면 왜, 어떤 점에서 중요한가? 묻기는 쉽지만, 많은 이들이 '개인적 감정'을 넘어서 넓고 깊은 사유를 통해 대답하기는 어려울 것이다.

어느 시점 후에, 한 문화가 지적으로 진보해서 그 문화의 독창성과 '비범함'의 증거를 실제로 보려면, 집단적으로 공유된 감정들은 반드시 물질적 실체로 표현되어야만 한다. 이러한 (전파할 수 있는 노하우로서) 증거만이 그 문화에 권리를 부여하며, 이로써 그 문화는 자신의 독창적 감성과 '방향성'을 통해 표현된 고유의 정체성을 기념할 수 있게 된다. 지성에 대한 이 물증物證이 미래 세대에게 문화를 전파하는 것을 '중요'하게 만드는 것이다. 그 밖의 모든 것은 별들에서 왔든 아니든 그저 바람… 그리고 먼지일 뿐이다.

건축은 '중요' 한가?
그 자체로는 아무것도 중요하지 않다. 우리에게 중요해지는 것은 우리의 세계와의 관계, 우리가 열망하는 것과의 관계 때문이다: "사람은 빵만으로 살 수 없다" 라는 말이 있다. 왜 그러한가? 인간에게 무엇이 더 필요한가? 우리는 단순한 동물이 아닌가? 사람이 갖춰야 할 다른 것들은 무엇이며, 인간의 삶으로서의 그 지위에 걸맞게 만드는 것은 무엇인가? 왜 건축은 (역사적으로 말하자면) 든든한 보금자리와 안정적인 식량 공급으로 만족하는 동물적 존재 그 이상을 열망함으로써 바로 이 질문 – '인간됨'의 근본적 의미 – 과 항상 연결됐는가?
어쩌면 인간은 '정치적 동물'이며 인간에게 사회가 필요하다는 아리스토텔레스의 언급에서 어느 정도 답을 찾을 수 있을 것이다: "*고독을 즐기는 사람은 야생의 짐승이거나 신이다.*" 사실 인간의 정체성은 더 나은 삶을 창조하기 위해 타인과 협력해야 한다는 점에서 짐승과 신 그 두 극단 사이에 존재한다.

[1] 각각의 주관들은 상호작용에 의해 타인의 주관에 대한 이해를 높여가며 서로 공유되는 감정과 인식의 틀을 형성한다. 하나의 공동체에서 형성된 이러한 인식의 틀은 그 공동체 내에서는 객관적인 것으로 받아들여지고 개개의 주관에 다시 작용하게 된다. 이렇듯 공유된 경험으로서의 주관들의 특성을 상호주관성相互主觀性 또는 공동주관성共同主觀性, 간주관성間主觀性이라고 한다.

An essential part of being human (*as an aspiring* animal, not just an animal) is having a sense of historical continuity — not only of the past, but also of the future. This sense implies a sense of society, and the importance of judicious space-making for society.

We recognize that architecture *has been bequeathed to us* as something of "importance," even if we have trouble articulating the reasons why. Its "importance" comes not only from serving the daily needs of the body (protection, accommodation, etc), but in its transcending into the realm of the *mind*. Further, not only of one's own mind, but the "Mind" of the whole nation or culture. It is not often that we get to experience architecture in a manner that we feel as "important." It happens rarely, but sometimes it DOES happen: we encounter a "real" work of architecture. When we do, the experience is undeniable: *it moves us*. We may feel awe, we may feel wonderment, we may feel delight. In any case, we feel *something that* we do not, and cannot, feel in ordinary buildings that were constructed with nothing more than the aim of making it at the lowest cost possible.

At this point, someone will object: "*It costs a lot of money to build nice things!*"
Yes, that is true... sometimes. But not always. It depends on what society deems to be the "*worth*" of "nice things." A society's values and priorities reflect its state of development in terms of its social consciousness.

"Nice things" are results of sensibility as much as they are of thought, and of course, money. But where do sensibility and ability to think come from? Are they a given? Does everyone have them? Do they not also need to be cultivated and forged through some discipline? What then, exactly, is the discipline that constitutes architectural *thinking*, above and beyond calculation?

Here, we offer this as an example of strictly speculative questioning / thinking *in*, and *of architecture, but in terms of architecture,* and of the undeniable *facts of its own history*, as opposed to one's random, undisciplined fantasy.

Example: How many types of "bodies" or "forms" are there for the "soul" of architecture to occupy and animate? One? Ten? Hundreds? Innumerable?

인간이 (단순 동물이 아니라 *열망하는* 동물로서) 되기 위한 본질적인 부분은 과거뿐 아니라 미래에 대해서도 역사적 연속성에 대한 감각을 가지고 있어야 한다는 점이다. 이 감각은 사회에 대한 감각과, 사회를 위한 적절한 공간-조성의 중요성을 동시에 내포한다.

우리는 이유는 잘 몰라도 건축이 '중요한' 것으로 *우리에게 유증遺贈* 되었음을 인식하고 있다. 그 이유에 대해서 분명하게 밝히지 못하고 있음에도 불구하고, 건축의 '중요성'은 인간의 몸을 의해 매일 필요한 것(보호물, 거처 등)을 제공하기 때문만이 아니라 *정신*의 영역으로 초월한다는 데 있다. 더 나아가 한 사람의 정신만이 아니라 국가나 문화 전체의 '정신'으로 나아감을 말한다. 우리가 건축의 '중요함'을 경험하는 경우는 흔치 않다. 하지만 아주 드물게 '진정한' 건축물을 접할 때 바로 그런 일이 일어나기도 한다. 그 순간 그 경험은 부인할 수 없게 된다: *그것은 우리 마음을 움직인다*. 우리는 경외감을 가질 수도 있고, 감탄을 할 수도 있고, 희열을 느낄 수도 있다. 어쨌든 우리는 최소의 비용으로 짓겠다는 목적만으로 지은 일반적인 건물에서는 느끼지 못하는, 느낄 수 없는 무엇인가를 느낀다.

이 시점에서 누군가는 이의를 제기할 수 있다: "*좋은 것을 지으려면 돈이 많이 든다고!*"
그렇다. … 때로는 사실이다. 그러나 항상 그렇지는 않다. 그것은 사회가 '좋은 것'의 '*가치*'를 무엇에 두는지에 따라 다르다. 어떤 사회의 가치와 우선 순위는 사회적 의식에 있어서 그 사회의 발달 수준을 반영한다.

'좋은 것'이란 생각만큼이나 많은 감성의 결과이며 물론 돈의 결과물이다. 그러나 감성과 사고력은 어디서 생기는 것일까? 타고나는 것인가? 모든 이들이 지닌 것인가? 그것들은 또 개발돼야 하고 규율을 통해 연마될 필요가 있지 않은가? 그렇다면 계산을 넘어 그 이상의 건축적 *사고*를 구성하는 규율이란 정확히 무엇인가?

여기서 우리는 건축에 대한 순전히 추론적인 질문/사고의 한 예를 제시하고자 한다. 이것은 *건축의 관점에서 본 것*으로, 임의적이고 규율 없는 환상과는 반대로 *건축의 역사상 부인할 수 없는 사실*이다.

예를 들면: 건축의 '영혼'이 담겨 생기가 도는 '몸체'나 '형태'의 유형은 몇 가지나 되는가? 하나? 열 개? 수백 개? 무수히 많이?

How about seven? (This "answer" is neither correct nor incorrect; it is a merely number based on a certain correlation to the human psyche's projection in terms of spatiality and spatial symbolization in terms of architectural categories that were common to all civilizations.)

The Seven Forms (or categories) of architecture are
(but not in any fixed linear order, as they are related to one another in a fractal manner):

1. House (Interiority)
2. Garden (Walled-in Wilderness)
3. Tomb (Apotheosis and Preservation)
4. Temple (Projection of Fear and Wishes)
5. Theater (Exposure in Fiction)
6. "University" (All organs of Information Collection and Transmission)
7. Labyrinth (or, Machine)

For the purpose of this discussion, we shall call these seven "forms" the Seven "Veils" * - since we never actually see the "true face" of architecture, but only the surface of the symbolic form that hides its true spirit. (A similar riddle is posed also in the Zen (Ch'an / Seon 禪) tradition: *"Show me your Original Face, before your parent were born."*)

* — *These seven Veils are structured radially, as a hexagonal "mandala," with 'Labyrinth' in the center; with each veil containing the other six within it, in a fractal system of order. The Seven Veils reflect the structure of the human consciousness in relation to space, and the symbolization thereof.*

The names of these seven *Veils* indicates the seven "titration points" in architecture's "alchemically liquid" process of becoming. These points are where architecture has the potential to bloom into its maximum density, capacity, and potential — to accommodate the intensity of our own (human) psychological investment in forging a sense of Order to our existential orientation in the midst of Nothing.

일곱 가지면 어떨까? (이 '답'은 정답도 오답도 아니다; 이것은 모든 문명에 공통된 건축 범주에 있어서 공간성과 공간 상징화에 대해 인간 정신의 투영과의 어떤 상관관계에 기초한 단순한 숫자이다.)

건축의 7가지 형태(또는 범주)는 다음과 같다.
(이는 프랙탈 방식으로 서로 연결돼 있는 것이지 일렬로 정해진 순서는 아니다.)

1. 집 (내부성)
2. 정원 (벽으로 둘러싸인 황야)
3. 무덤 (신성시 및 보존)
4. 성전 (두려움과 바램의 투영)
5. 극장 (허구에서의 드러남)
6. '대학' (정보 수집 및 전승하는 모든 기관들)
7. 미로 (또는 기계)

이에 대한 논의를 진행하기 위해 이 7가지의 '형태들'을 7가지 '**베일**veil' *이라고 부르기로 하자. 우리는 건축의 '진정한 얼굴'을 실제로 보지 못하고 진정한 정신을 숨기는 상징적 형태의 표면만을 보기 때문이다. (비슷한 수수께끼가 선禪의 전통에도 들어 있다: "너의 부모님이 태어나기 전의, 너의 원래 얼굴(즈'면목眞面目)을 보여 달라.")

*— 이 7개의 베일은 중앙에 미로가 있는 방사형의 육각 '만다라'로 구성되어 있다; 각 베일들은 그 안에 다른 6개를 프랙탈 체계로 포함한다. 그 7개의 베일은 공간과 관련된 인간 의식의 구조와 그것의 상징화를 반영한다.

이 7개의 베일은, 건축의 '연금술적 변환' 과정의 7가지 '적정滴定2)의 지점들'을 가리킨다. 이 지점들은 건축이 최대한의 밀도, 수용력 및 잠재력으로 만개할 수 있는 곳이며, **무無**의 한 가운데서, 우리의 실존적 방향을 잡아주는 **질서**감각을 구축하기 위한 정신적 투여의 강도를 담지擔持하는 곳이다.

---

2) 적정滴定은 화학에서 표준용액을 사용해 시료의 종류와 특성을 알아내는 방법 및 시료가 변화를 일으키는 순간을 이르는 말이다. 따라서 연금술적 변환과정의 적정이란 잠재적인 변화가 드러나지 않게 쌓여오다가 어느 순간 어떤 계기에 의해 갑자기 질적인 변화를 일으켜서 볼 수 있는 것으로 드러나는 현상과 그 현상을 경험할 때의 놀라움과 신비감을 뜻한다.

Example: A "museum." What is it actually? There is actually no specific architecture for that program. It is not something we actually *need* in our ordinary lives.

A museum is essentially a "tomb": It's primary function is the preservation and display of "dead" things. Of course, a museum also functions as a…

— "University"… That is, as an organ of transmission of 'socially agreed upon codes' regarding "important" symbols.
— "Garden"… in its display of "beautiful things," carefully cultivated for maximum aesthetic enjoyment. Also a place of respite and refuge, away from the din of the (often unsightly) world.
— "Theater"… To see (objects of "high culture", and to be seen (as a person of "high culture")

Etc. Etc.

We mention this here because, more than ever, people tend to speak of architecture in "extreme" terms. That is to say, either in the unverifiable abstract (in academic settings), or in terms of budgets and construction details (in the office, with deadlines pressing).
This practice (more like, a bad habit fostered by alienation of work from life) is an unfortunate part of today's culture of architecture everywhere. What would be point of education and study of architecture, if not to diagnose such a problem, and change course to improve the situation? It is clear to everyone that there is a very big rift between what learns as "theory" in school, and what is demanded professionally on site. This is an issue of great importance for people who take a professional interest in architecture, and wish to advance the quality of both — theory and actualization.

The topic of *categories* is almost never mentioned when discussing HOW and WHEN some construction could rise to the level of architecture. This would be like speaking abstractly of 'language' without specifying WHICH language, but then also arguing aimlessly about the correct grammar, or elegant phrasing, when "speaking" that unspecified language

Architectural thinking is not about what CAN be built vs. what CANNOT be built: a moot point. Thinking takes satisfaction in thinking alone. Sometimes it leads to actual construction, sometimes it does not. That is all. (One should be careful in arrogating the word 'reality' to mean solely what exists in material form. *"There are more things in Heaven and Earth, Horatio, Than are dreamt of in your philosophy"* (Hamlet I.5:159–167).)

예시: '박물관'. 이는 실제로 무엇인가? 그 공간 프로그램에는 실제로 특정 건축이란 것은 없다.
그것은 우리 일상생활에 꼭 *필요한* 것은 아니다.

박물관은 근본적으로 '무덤'이다: 그 기본적인 기능은 '죽은' 것들의 보존과 전시다. 물론 박물관이 다른 기능을 하기도 한다. 이를테면…

– '대학'... 즉 '중요한' 상징들에 대한 '사회적으로 합의된 코드들'의 전달 기관.
– '정원'... 최대한의 미적 즐거움을 위해 주의 깊게 재배한 '아름다운 것들'의 전시 공간.
  또한, (흔히 보기 흉한) 세상의 소음으로부터 떨어진 휴식과 피난처.
– '극장'... ('고급문화'의 대상을) 보는 곳. ('고급문화'에 속한 사람으로서) 보여지는 곳.

기타 등등.

우리가 이것을 언급하는 이유는 사람들이 건축에 대해 말할 때 '극단적인' 용어들을 어느 때보다 많이 사용하기 때문이다. 말하자면 (학술 분야에서) 증명할 수 없는 초록이나 (회사에서 마감기한의 압박을 받는) 예산 및 시공의 세부사항 같은 데서 말이다.
이런 관행은 (일이 삶에서 소외됨으로써 조장되는 나쁜 습관이라 하겠는데) 오늘날의 모든 건축 문화에 만연한 불행한 부분이다. 이 문제를 진단하고 상황을 개선하기 위해 진로를 변경하지 않는다면 건축에 대한 교육과 연구의 요점은 무엇이란 말인가? 학교에서 '이론'으로 배우는 것과 현장에서 전문적으로 요구되는 것 사이에는 큰 차이가 있다는 것을 누구나 알고 있다. 이것은 건축에 대해 전문적인 관심을 갖고서 이론과 현실화 두 가지 방향의 질을 모두 향상시키고자 하는 사람들에게 매우 중요한 문제이다.

건물이 **언제, 어떻게** 건축의 수준에 도달할 수 있는지를 논할 때 *범주categories*라는 주제는 거의 언급되지 않는다. 이것은 **어떤** 언어인지 특정하지 않고 그저 '언어'에 대해 추상적으로 말하고, 또한 그 불특정한 언어로 '말할' 때에 있어 정확한 문법이나 우아한 문장에 대해 아무런 목적도 없이 논쟁하는 것과 같을 것이다.

건축적 사고란 지을 **수 있는** 것과 **없는** 것을 판단하는 것이 아니다. 그것은 논점일 뿐이다. 생각은 생각 자체로 충분하다. 생각이 실제 시공으로 이어질 때도 있고 그렇지 않을 때도 있다. 그게 전부다. ('실재實在'라는 단어가 물질적인 형태로 존재하는 것만을 의미하게끔 사용되지 않도록 조심해야 한다. "호레이쇼, 천지간에는 자네의 철학으로 상상하는 것보다 많은 것들이 있다네." – 『햄릿』 1.5:159–167)

The definition of the word *architecture is already delimited by the horizon of its own history*, by what was done in its name. Architecture's future is oriented by that very same horizon. Architecture is not a matter of random "personal feelings" about it. Architecture's scope of activity, applicability, and future potential are all already established through the *factual existence,* and the *specificity of its ancestral line*, just as the specificity of one's DNA (the past implies future possibilities, all embedded in that strand of information) is determined by the countless individuals contributing to one's ancestral line over countless generations.

It is now possible to design and build "nice buildings" with NO conceptual clarity or sophistication, or even imagination. The efficiency of the market economy (and global trade) has made that possible by standardizing parts and materials, as well as by indoctrination of styles.
All one has to do now is, pay for it. Anyone anywhere, in any country or city, can now have a "nice building" that used to be found only in one of the more "economically advanced" countries.

Thus, the real problem for today's thinking architects is a doubly intellectual one. Why double? Because the problem requires clarifying, and then intensifying certain questions that must involve both scholarship AND aesthetic sensibility, in equal measure. "Good taste" is always welcome, but it has its limits, and "shadows."

The problem cannot be — not anymore — about catching up with the latest trends. If anything, social media have already demonstrated the futility, and the vapidity of "looking, and acting, like eve-ryone else."

Architecture has its own questions, questions that only it has answered, and can answer.
Architecture is architecture, not 'philosophy' or 'sculpture' or 'installation art.'
That is why architecture has its own name, not a borrowed one.
Architecture comes into the world, and stands AS architecture as a result of a particular way of thinking, observing, feeling, and articulating.

Today, we live in a world that has been irreversibly changed through techno-science.
The question of the relationship between culture and technology is still difficult, if not impossible, to frame.

But the question of the relationship among culture, technology, AND architecture is nearly impossible to articulate. In astronomy, three-body problems are immeasurably more difficult to solve mathematically, than two-body problems.

건축이라는 단어의 정의는 그 자체 역사의 지평에 의해, 그 이름으로 행해진 것에 의해 이미 정해져 있다. 건축의 미래는 바로 그 지평선에 의해 방향이 결정된다. 건축은 그것에 대한 자의적인 '개인 감정'의 문제가 아니다. 건축의 활동 범위, 적용 가능성, 미래 잠재력은 그 사실적 존재와 대대로 내려오는 특징에 따라 이미 모두 성립되었다. 마치 (과거가 미래의 가능성을 내포하여 그 정보의 가닥에 모든 것이 새겨진) DNA의 특징이 무수한 세대들을 거쳐 조상의 계보를 이루는 데 기여한 수많은 개체들에 의해 결정되는 것처럼.

오늘날엔 명료한 개념이나 세련미나 상상력조차 **없이도** '멋진 건물'을 설계하고 지을 수 있다. 시장경제 (및 세계구역)의 효율성에 따라 스타일의 교묘함뿐 아니라 부품 및 자재를 표준화 함으로써 그것이 가능해졌다. 이제 돈만 지불하면 된다. 누구나 어느 나라 어떤 도시든 어디서나 '경제적으로 발전한' 국가에서만 볼 수 있었던 '멋진 건물'을 가질 수 있다.

따라서 오늘날 생각하는 건축가들에게 놓인 문제는 이중으로 지적인 것이다. 왜 이중인가? 그 이유는 학문적, 미적 감성 둘 다를 포함해야만 하는 질문들을 명확히 하고 강화해야 하기 때문이다. '좋은 취향'은 항상 환영 받지만 그것에는 한계와 '그림자가' 있다.

이제 더 이상 최신 경향을 좇는 것이 문제일 수는 없다. 소셜미디어는 이미 '다른 사람들과 똑같이 바라보고 행동하는 것'이 무용하고 지루하다는 것을 명백히 보여준다.

건축은 그 자체의 질문들이 있다. 오직 건축만이 답을 가지고 있고 답할 수 있는 질문들이다.
건축은 건축이지 '철학'이나 '조각'이나 '설치미술'이 아니다.
그렇기 때문에 건축은 어디서 가져온 말이 아닌, 건축이라는 자체의 이름을 가지고 있는 것이다.
건축이 이 세상에 나타나 건축으로서 서 있을 수 있는 것은 생각하고, 관찰하고, 느끼고, 명료하게 표현하는 건축만의 독특한 방법의 결과물이다.

오늘날, 우리는 기술과학을 통해 돌이킬 수 없이 변화한 세상에 살고 있다. 문화와 기술의 상관관계는 그 틀을 잡아내기가 불가능하진 않을지 몰라도 여전히 어려운 문제이다.

하물며 문화, 기술, **그리고** 건축의 상관관계를 규명한다는 것은 거의 불가능한 문제다. 천문학에서 3체문제[3]는 2체문제[4]보다 수학적으로 비교할 수 없을 만큼 훨씬 더 어렵다.

---

[3] 3체문제三體問題는 3개의 천체가 만유인력의 작용 아래 움직일 때 그 궤도를 구하는 문제인데 특수한 경우를 제외하면 근사적인 해법만 가능할 뿐이다. 예를 들어 태양과 지구, 달의 운동을 계산하는 문제가 이에 해당한다.

[4] 두 개 천체간의 운동만을 다루는 2체문제二體問題에서는 한쪽 천체가 다른 쪽 천체 운동의 초점이 된다. 즉, 두 천체의 운동 궤적은 2차곡선(원, 타원, 포물선, 쌍곡선) 중 하나가 되며 케플러의 법칙이 완전하게 성립한다.

Where did techno-science come from? How did it arise?

Astronomy... (We began this introduction with a mention of stardust, and now, to the stars we have returned.)

Without centuries of its intellectual conquests, we today would not have our beloved mobile phones. Astronomy is the name given to one of the oldest forms of human curiosity and intellectual penetration that affected architecture so greatly for all early civilizations. Yet, today, we rarely, if ever think about architecture's connection to a field such as astronomy.

I conclude here with a simple but penetrating insight by a man who thought "architecturally" about the heavenly bodies.

"Where there is Matter, there is Geometry." __ Johannes Kepler.

Does this not ALSO apply to architecture everywhere, and for all times?

__ Thomas 'Tilluca' Han
Director *xNOISIAmundi*

Taipei, October 2018

과학기술은 어디서 왔는가? 어디서 발생했는가?
천문학일까… (우리는 별을 언급하면서 이 서문을 시작했고 이제 그 별의 이야기로 되돌아왔다.)

수세기에 걸친 지적 정복이 없었다면 오늘날 우리가 사랑하는 모바일폰을 가질 수 없었을 것이다. 천문학은 인간의 호기심과 지적 탐구의 가장 오래된 형태 중 하나에 부여된 이름으로, 모든 초기 문명의 건축에 큰 영향을 미쳤다. 그러나 오늘날 우리는 건축과 천문학의 연결성에 대해 거의, 아마도 전혀 생각하지 않는다.

여기 천체에 대해 '건축적으로' 생각했던 한 사람의 단순하지만 예리한 통찰을 제시하며 결론을 맺고자 한다.

"물질이 있는 곳에 *기하학이 있다.*" - 요하네스 케플러

이 말은 건축에도 **또한** 언제나 어디서나 적용되지 않겠는가?

토마스 '틸루카' 한
xNO'SlAmundi 디렉터

타이페이, 2018. 10

글쓴이들

박윤준
한양대학교, GSAK석사 및 박사. 건축에서의 기하학과 드로잉에 대한 이론정립을 교육현장에서 학생과의 작업을 통해 수행하고 있다. 현재 ㈜서울하우스 대표이다.

김형진
건축실무(건축사사무소 4walls)와 학교에서 강의를 하고 있다.
건축의 작품성을 지각의 과정에서 발견하고자 한다.

김주철
건축설계사무소 재직중 / 건축학 강의중, 공부중

이민소
수학고를 졸업하고 경기대학교 건축전문대학원에서 건축을 공부했다. 공간종합건축사사무소에서 실무를 쌓았으며 현재 메조파트너스건축 사무소 공동대표로 있다. 다양한 실험적 디자인에 도전하며 건축과 사회의 접목 지점을 찾아 실현하고 있다.

토마스 틸루카 한 Thomas Tilluca Han
버클리 대학교, 크랜브룩 예술대, SCI-ARC에서 수학. 템플대학교, 펜실베니아 예술대. 경기대학교 건축대학원, 건국대학교 건축대학원 등에서 가르쳤으며, 현재 쉬첸(Shih-Chien)대학 교수로서 '제단과 이미지 틀지우기(Altars and Enframing of Images)' 문제를 놓고 작업 중이다.

강유운
영국 AA school of Architecture를 졸업하고 국립아시아문화전당 〈새로운 유라시아 프로젝트〉 전시 연구원 활동을 시작으로 현재 건축실무를 쌓으며 한국에 거주하고 있다.

온 아키텍쳐 1

지 은 이 | 박윤준 김형진 김주철 이민선 토마스 틸루카 한
펴 낸 이 | 박윤준
디 자 인 | (주)양디자인
인   쇄 | (주)상지사피앤비

초판발행 | 2020년 8월 13일
펴 낸 곳 | (주)서울하우스
등   록 | 1997년 5월 20일
등록번호 | 제16-1470호
주   소 | 04067 서울특별시 마포구 독막로 19길12
전   화 | 02-325-0421
팩   스 | 02-325-0398

ISBN 978-89-87578-49-1 (93540)
값 15,000원

이 책은 저작권법에 따라 보호 받는 저작물이므로 무단 전재와 복제를 금합니다.
ⓒ 박윤준, 김형진, 김주철, 이민선, 토마스 틸루카 한, 2020